博碩文化

博碩文化

掌握自動化投資
理。財。趨。勢

使用
Python
3.X版

Python

加密貨幣CTA量化
交易111個實戰技巧

使用Python實作加密貨幣CTA策略
掌握自動化與量化交易投資趨勢

- 掌握 Python 搭配循序漸進的範例教學
- 理解加密貨幣與量化投資
- 建構CTA策略、回測與績效評估
- 串接加密貨幣交易所的行情與下單
- 從無到有打造CTA自動化交易策略

劉承彥 ———— 著

FIN
TECH

博碩文化

Python 加密貨幣 CTA 量化交易 111 個實戰技巧

作　　者：劉承彥
責任編輯：曾婉玲

董 事 長：陳來勝
總 編 輯：陳錦輝

出　　版：博碩文化股份有限公司
地　　址：221 新北市汐止區新台五路一段 112 號 10 樓 A 棟
　　　　　電話 (02) 2696-2869　傳真 (02) 2696-2867

郵撥帳號：17484299　戶名：博碩文化股份有限公司
博碩網站：http://www.drmaster.com.tw
讀者服務信箱：dr26962869@gmail.com
讀者服務專線：(02) 2696-2869 分機 238、519
（週一至週五 09:30 ～ 12:00；13:30 ～ 17:00）

版　　次：2023 年 8 月初版

建議零售價：新台幣 600 元
Ｉ Ｓ Ｂ Ｎ：978-626-333-577-6（平裝）
律師顧問：鳴權法律事務所 陳曉鳴 律師

本書如有破損或裝訂錯誤，請寄回本公司更換

國家圖書館出版品預行編目資料

Python：加密貨幣 CTA 量化交易 111 個實戰技巧 / 劉
承彥著 . -- 初版 . -- 新北市：博碩文化股份有限公司，
2023.08
　　面；　公分

ISBN 978-626-333-577-6(平裝)

1.CST: Python(電腦程式語言) 2.CST: 電子貨幣

312.32P97　　　　　　　　　　　　112013432

Printed in Taiwan

博碩粉絲團

歡迎團體訂購，另有優惠，請洽服務專線
(02) 2696-2869 分機 238、519

序言

在本書中，我們將探索 Python 語言在加密貨幣市場當中的資料分析與自動化交易。加密貨幣是一個刺激的市場，在起伏不定且充滿挑戰的環境中，本書結合了 Python 與金融市場知識、量化交易來一起探索它。

前三章中，我們將介紹 Python 的基礎知識和必要的加密貨幣背景概念。從 Python 的安裝到基本的語法，以及了解加密貨幣的基本概念、交易所的種類和特性，這些基礎將為我們後續的章節學習打下基礎。

接著，第四章至第五章將著重在加密貨幣和量化分析的主題，以了解量化交易的原理和策略建構方法。同時，我們還將介紹技術分析的基本概念，以及如何使用 Python 和相關套件進行歷史數據回測分析。

最後四章，我們將深入研究如何串接交易所的即時行情 Websocket 與 API，執行即時行情取得和策略交易操作，這將包括使用 Python 套件來獲取即時行情、策略判斷和自動下單略。

本書的目標是幫助讀者了解加密貨幣市場和量化交易的實作，並提供使用 Python 進行相關開發的實踐指南。無論是對於想要進入加密貨幣領域的新手，還是對於有一定認知的主觀交易者來說，作者期待本書會是一個良好的入門磚。

作者本身從事資料分析業，也樂於分享對於量化投資的想法，經營 FaceBook 粉絲專頁「Cheng's 交易－程式交易」，在 FaceBook 上也有「Python 程式交易」社團，歡迎讀者加入共同討論分享。

關於內容，由於本書的某些章節息息相關，筆者也儘量將相關聯的技巧揭示在內文中，若是還有紕漏之處，敬請見諒。

最後要感謝出現在我生命中的每個貴人，人生就像一場旅程，謝謝你們讓我不斷成為更好的人。

劉承彥 謹識

目 錄

|CHAPTER| **05 建構 CTA 策略**.. 127

|CHAPTER| 06 串接交易所的即時行情 167

|CHAPTER| 07 產生即時的交易訊號 187

|CHAPTER| 08 串接交易所的下單、帳務函數 201

|CHAPTER| 09 策略上線會面臨的問題 219

Python 基礎介紹

Python 發展至今,在 2023 年程式語言社群統計中,已經超過以往的熱門程式語言,成為關注度最高的程式語言。Python 強調程式語言的簡潔性、可讀性,對於程式新手相當友善,並且支援相當完整的外部套件,讓使用該語言的開發者可以迅速探索更多領域。本章介紹 Python 的基本用法,帶領讀者探索量化分析的世界。

技巧 1 【觀念】Python 安裝介紹

本技巧將介紹如何在 Windows 系統上安裝 Python 執行環境，本書透過 Python3.10 來進行介紹，安裝過程如下：

|STEP| **01** 透過網頁瀏覽器搜尋「Python」，並進入 Python 官方網站[*1]，點選「Downloads」按鈕，可以下載 Python 最新的版本，如圖 1-1 所示。

▲ 圖 1-1

|STEP| **02** 下載完安裝檔案後，開啟 Python 安裝執行檔來開始安裝。這裡必須勾選「Add Python 3.10 to PATH」[*2]，將 Python 的執行路徑新增到 Windows 的預設程式路徑，以便我們之後可以在 CMD 直接執行 Python 指令，勾選完成後再選擇「Install Now」，如圖 1-2 所示。

▲ 圖 1-2

---

*1　Python 官方網站：[URL] https://www.python.org/。

*2　Add Python 3.10 to PATH：該動作是將 Python 的執行檔路徑加入 Windows 作業系統的環境變數 PATH 當中，而執行這個動作，往後執行 Python 指令時，將不用指定完整路徑就可以執行 Python。

|STEP| **03** 安裝過程的畫面，如圖 1-3 所示。

▲ 圖 1-3

|STEP| **04** 完成安裝後點選「Close」按鈕，如圖 1-4 所示。

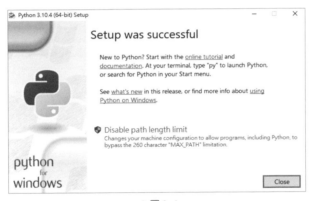

▲ 圖 1-4

|STEP| **05** 安裝完成後，我們可以透過啟動檔案位置的方式來找到 Python 的預設路徑（C:\Users\ User\AppData\Local\Programs\Python\Python310），找到 Python 執行檔，並右鍵 開啟檔案位置（連續執行兩次即可），如圖 1-5 所示。

▲ 圖 1-5

|STEP| **06** 找到 Python 的安裝路徑，如圖 1-6 所示。

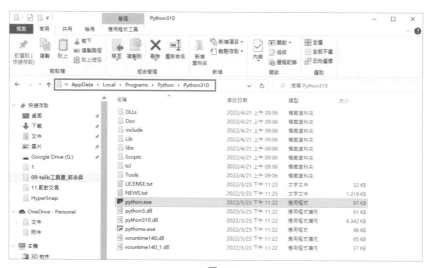

▲ 圖 1-6

|STEP| **07** 我們啟動 Python 預設的執行程式 IDLE（可以在該程式中執行 Python 語法），從 Windows 程式搜尋「IDLE」，即可找到該程式，啟動 IDLE 執行檔，如圖 1-7 所示。

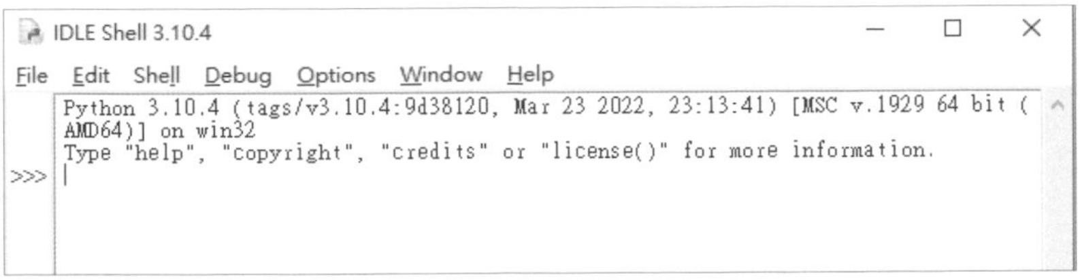

▲ 圖 1-7

我們也可以開啓命令提示字元（CMD）來呼叫 Python：

|STEP| **01** 透過「py -0」可以查看所有的 Python 版本號（在版本號後方有星號的版本，則為預設執行版本），接著直接輸入「python」指令，則會進入 Python 的提示列，而版本號則為 Python 3.10（版本號可能會有所差異），輸入「exit()」即可退出 Python 的執行環境，如圖 1-8 所示。

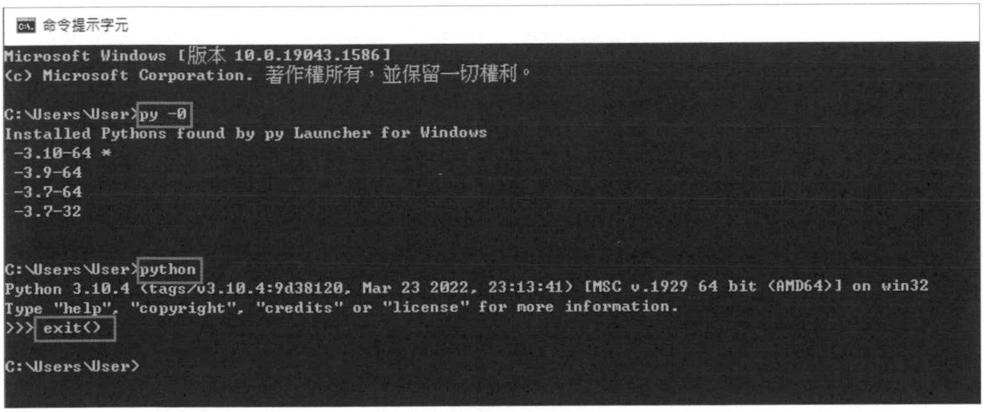

▲ 圖 1-8

|STEP| **02** 在命令列中輸入「pip -V」指令，可以檢查預設的 pip[*3] 版本是否與預設的 Python 版號相同，若 pip 版號與 Python 版號不同，則可透過「py - 版號 - 位元 -m pip –V」指令去指定特定 Python 版號。

舉例來說，若要指定 Python3.10 64 位元，則可以輸入：

py -3.10-64 -m pip -V

以上指令可以查看 Python 3.10 的 pip 版號，操作畫面如圖 1-9 所示。

---

*3 pip：是 Python 用來進行套件管理的指令。

▲ 圖 1-9

技巧 2 【實作】本書的 Python 範例執行方法

本書的操作介面分為兩種，一種是 Windows 命令提示字元（CMD），另一種是 Python 的操作環境（Python Shell），Python 的操作通常會在 Python 的命令列中操作，而當我們執行撰寫好的 Python 程式，就會透過 Windows 命令提示字元來進行執行。

以下介紹兩種操作環境在本書中的表達：

❖ CMD 執行 Python 範例

Windows 命令提示字元表達的提示字元是透過「>」來呈現：

```
> python xxx.py
```

> 🚀 **說明**　若書中只有顯示執行結果，就是以執行範例檔的方式操作。

❖ Python 語法逐行輸入

而在 Python 命令列的提示字元是透過「>>>」來呈現：

```
>>> str="i am a pig"
>>> len(str)
```

技巧 3 【實作】基本型別介紹

認識 Python 的第一步，就是了解 Python 的基本變數型別，以下依序介紹。

❖ 變數的指定

Python 中賦予變數值的方法與多數程式語言一樣，要透過「=」來進行賦值，將右方的值令為左方的變數，操作如下：

```
>>> x=10 ————————————————  將 x 令為 10
>>> y=11 ————————————————  將 y 令為 11
>>> x    ————————————————  查看 x 變數
10
>>> y    ————————————————  查看 y 變數
11
```

❖ 變數的移除

Python 中移除變數可以透過 del 函數操作，操作如下：

```
>>> y
11
>>> del(y) ——————————————  刪除變數
>>> y
Traceback (most recent call last): ——  無此變數，取用時會發生錯誤
  File "<stdin>", line 1, in <module>
NameError: name 'y' is not defined
```

❖ 基本型別介紹

Python 基本型態分為四種，依序如下：

● 整數：1、2、3…。

● 浮點位數：1.0、1.1、1.2…。

● 字串：'1'、'2'、'3'…。

● 布林值：True、False。

在 Python 中宣告這四種型別，操作如下：

```
>>> a=1   ————————————————  將 a 令為整數 1
>>> a     ————————————————  宣告 a 顯示內容
1
>>> a=1.0 ————————————————  將 a 令為浮點位數 1.0
>>> a     ————————————————  宣告 a 顯示內容
```

```
1.0
>>> a='1'                          ── 將 a 令為字串 1
>>> a                              ── 宣告 a 顯示內容
'1'
>>> a=True                         ── 將 a 令為 True
>>> a                              ── 宣告 a 顯示內容
True
```

❖ 檢視變數型別

我們可以透過 type 函數去查看變數的型別，操作如下：

```
>>> a=1
>>> type(a)                        ── 檢視 a 變數型別
<class 'int'>                      ── integer 整數型別
>>> a=1.5
>>> type(a)                        ── 檢視 a 變數型別
<class 'float'>                    ── float 浮點位數型別
>>> a='1'
>>> type(a)                        ── 檢視 a 變數型別
<class 'str'>                      ── str 字串型別
>>> a=True
>>> type(a)                        ── 檢視 a 變數型別
<class 'bool'>                     ── bool 布林值型別
```

❖ 轉換型別

Python 也提供了基本的型別轉換函數，除此之外，之後的序列資料也可以透過函數互相轉換型別，操作如下：

```
>>> a=1
>>> float(a)                       ── 將整數轉為浮點位數
1.0
>>> str(a)                         ── 將整數轉為字串
'1'
>>> a                              ── a 變數還是整數，因為我們並沒有將函數所回傳的值重新令為 a
1
>>> a=str(a)                       ── 將 a 令為字串 a
>>> a                              ── a 變為字串
'1'
```

技巧4 【實作】基本運算及數學函數介紹

基本運算包含四則運算以及一些基本的數學函數，以下依序介紹。

❖ 四則運算

Python 中提供的基本運算：加、減、乘、除，分別為「+」、「-」、「*」、「/」，以下透過簡單的操作來介紹：

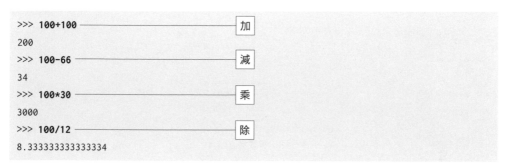

❖ 兩數相除的商數

Python 中可透過「//」直接取出整數的商，操作如下：

```
>>> 100/12
8.333333333333334
>>> 100//12
8
```

❖ 次方

Python 中可透過「**」做次方運算，操作如下：

```
>>> 9**8
43046721
>>> 10**2
100
```

❖ 餘數

Python 中可透過「%」做餘數運算，操作如下：

```
>>> 80%6
2
>>> 80%9
8
```

❖ 運算賦值

Python 繼承了 C 語言的方式，也有了運算賦值的功能，可以有效減少程式碼撰寫，以下將簡單介紹如何使用，操作如下：

```
>>> a=1
>>> a
1
>>> a+=1                    ————————  等同於 a=a+1
>>> a
2
>>> a-=1                    ————————  等同於 a=a-1
>>> a
1
>>> a*=3                    ————————  等同於 a=a*3
>>> a
3
>>> a/=3                    ————————  等同於 a=a/3
>>> a
1
>>> a=3
>>> a**=3                   ————————  等同於 a=a**3
>>> a
27
>>> a
27
>>> a//=4                   ————————  等同於 a=a//4
>>> a
6
```

❖ 條件進位

Python 中並沒有預設提供四捨五入的函數，round 則是有條件進位，條件為「四捨六入五成雙」，進位的數字若是偶數，則不進位。我們透過以下的操作來介紹：

```
>>> round(1.5)
2
>>> round(2.5)
2
>>> round(1.55465,3)
1.555
```

進位數為 1，則進位

進位數為 2，則不進位

可以加上第二個參數，決定進位的點位

❖ 小於等於的最大整數

Python 中可透過 floor 函數取得最小最近的整數，而要無條件捨去的話，並不是透過該函數，而是透過 int 函數。要使用 floor 函數，必須先載入 math 套件，而取用外部套件則會在技巧 15 中介紹，操作如下：

```
>>> import math
>>> math.floor(1.3542)
1
>>> math.floor(-1.3542)
-2
```

載入數學套件

取得小於 1.3542 最近的整數

取得小於 -1.3542 最近的整數

❖ 大於等於的最小整數

Python 中可透過 ceil 函數取得較大最近的整數，而要使用 ceil 函數時，必須先載入 math 套件，取用外部套件則會在技巧 15 中介紹，操作如下：

```
>>> import math
>>> math.ceil(1.2312)
2
>>> math.ceil(-1.2312)
-1
```

取得大於 1.2312 最近的整數

取得大於 -1.2312 最近的整數

❖ 開根號

Python 中可透過 sqrt 函數取得開根號值，要使用 sqrt 函數，必須先載入 math 套件，取用外部套件則會在技巧 15 中介紹，操作如下：

```
>>> import math
>>> math.sqrt(100)
10.0
>>> math.sqrt(99)
9.9498743710662
```

❖ 絕對值

Python 中可透過 abs 函數來取得絕對值，操作如下：

```
>>> abs(66)
66
>>> abs(-66)
66
```

❖ 最大值、最小值

Python 中可透過 max、min 函數來取得最大值、最小值，這兩個函數可以填入不定長度的參數，也就是我們有 20 個參數或 200 個參數，都可以一次帶入函數內，操作如下：

```
>>> max(1,2,3,4,5,6,7,8,9)
9
>>> min(1,2,3,4,5,6,7,8,9)
1
```

技巧 5 【實作】字串處理介紹

Python 對字串變數本身就提供了非常多的預設功能，透過字串的基本處理，可以解決非常多的問題，以下會對常見的功能進行介紹。

❖ 查看字串長度

Python 中可透過 len 函數查詢變數長度，除此之外，len 還支援其他變數型別的查詢，操作如下：

```
>>> str_test='my name is jack'
>>> len(str_test)
15
```

❖ 多字串合併

Python 中可透過 join 函數組合不同字串，操作如下：

```
>>> gap=',!,' ——————————————— 定義組合字串的空隙字串
>>> a=['1','2','3']
```

```
>>> gap.join(a) ─────────────── 組合 a 變數當中的字串
'1,!,2,!,3'
```

❖ 將特定字元從字串字首字尾中移除

Python 中可透過下列函數將特定字元從字首字尾中移除：

函數	說明
lstrip	將特定字元從字首中移除。
rstrip	將特定字元從字尾中移除。
strip	將特定字元從字首字尾中移除。

操作如下：

```
>>> a='aaahuehrwqeaaa'
>>> a.strip('a')
'huehrwqe'
>>> a.lstrip('a')
'huehrwqeaaa'
>>> a.rstrip('a')
'aaahuehrwqe'
```

❖ 將任何英文字母轉換大小寫

Python 中可透過 swapcase 函數將字串大小寫互換，以及 lower 函數可將字串轉換為小寫，upper 函數可將字串轉換為大寫，操作如下：

```
>>> b='asdwEWFEWFweqw'
>>> b.swapcase()
'ASDWewfewfWEQW'
>>> b.lower()
'asdwewfewfweqw'
>>> b.upper()
'ASDWEWFEWFWEQW'
```

❖ 將字串透過 0 填滿至特定寬度

Python 中可透過 zfill 函數將特定時間的字串前方補 0，操作如下：

```
>>> t='84500'
>>> t.zfill(6)
'084500'
```

❖ 字串中特定字元取代

Python 中可透過 replace 函數將特定時間字串的分割符號取代，操作如下：

```
>>> a='2011/06/03'
>>> a.replace('/','')
'20110603'
```

❖ 字串依照特定符號進行分割

Python 中可透過 split 函數切割字串，並轉成序列型別，操作如下：

```
>>> a='2011/06/03'
>>> a.split('/')
['2011', '06', '03']
```

技巧 6 【實作】序列型別介紹

在 Python 中，除了基本的型別以外，還有預設的序列型別，Python 中並沒有預設矩陣 matrix、向量 array 這種物件型別，但是 Python 有 tuple、list 與 dictionary 這三種序列物件，其中 tuple 與 list 很相似，都是用來儲存資料的序列，唯一不同之處就是 tuple 在定義完成後，不被允許更動內部值，而 list 可以被更改內部值；dictionary 是有索引值的型別。

以下分別介紹不同序列的應用：

❖ tuple

1. tuple 定義、取值

tuple 是透過小括號定義的物件，並且定義後無法改變內部值，需要透過索引來進行取值，索引值由 0 開始，取值的方法是透過中括號包住索引值來取得，以下是操作範例：

```
>>> a=(1,2,3,4)
>>> a[1]
2
```

```
>>> a[0]
1
>>> a[0]=100
Traceback (most recent call last):
  File "<stdin>", line 1, in <module>
TypeError: 'tuple' object does not support item assignment
>>> a=(1,2,3,4)
>>> a[1:]
(2, 3, 4)
>>> a[:2]
(1, 2)
>>> a[1:2]
(2,)
>>> a[::2]
(1, 3)
```

2. tuple 組合、倍數化

　　tuple 本身也支援四則運算的運算元，這裡所指的 tuple 運算是將 tuple 組合、倍數化，操作如下：

```
>>> a=(1,2,3,4,5)
>>> b=(2,3,4,5,6)
>>> a+b
(1, 2, 3, 4, 5, 2, 3, 4, 5, 6)
>>> a*2
(1, 2, 3, 4, 5, 1, 2, 3, 4, 5)
```

3. tuple 判斷應用

　　Python 中有提供 in 關鍵字，in 可以用來判斷特定值是否有在序列當中。tuple 搭配 in 的操作如下：

```
>>> a=(1,2,3,4,5)
>>> 1 in a
True
>>> 6 in a
False
```

4. 迴圈應用

Python 可以直接透過 for 迴圈來依序執行 tuple 物件內的值，操作如下：

```
>>> a=(1,2,3,4,5)
>>> for i in a:
...   print(i)
...
1
2
3
4
5
```

❖ list

1. list 定義、取值

list 是用中括號來定義的物件，以下是操作範例：

```
>>> a=[1,2,3,4,5]
>>> a[0]
1
>>> a[1]
2
>>> a[0]=100
>>> a
[100, 2, 3, 4, 5]
>>> a[1:3]
[2, 3]
>>> a[1:4]
[2, 3, 4]
>>> a[1:]
[2, 3, 4, 5]
>>> a[:4]
[1, 2, 3, 4]
>>> a[::2]
[1, 3, 5]
```

list 並沒有針對值的儲存方式有限制，以下是操作範例：

```
>>> a=[100,[1,2,3,5],[123]]
>>> a
[100, [1, 2, 3, 5], [123]]
```

2. list 組合、倍數化

list 本身也支援四則運算的運算元，這裡所指的 tuple 運算是將 tuple 組合、倍數化，操作如下：

```
>>> a=[1,2,3,4,5]
>>> b=[3,4,5,6,7]
>>> a+b
[1, 2, 3, 4, 5, 3, 4, 5, 6, 7]
>>> a*3
[1, 2, 3, 4, 5, 1, 2, 3, 4, 5, 1, 2, 3, 4, 5]
```

3. list 函數應用

由於 list 相較於 tuple 來說，是可以被更動內部值的，因此有較多的函數可以去使用，以下逐一進行介紹。

list 的 append 函數可將額外的值加進 list 中，操作如下：

```
>>> a
[1, 2, 3, 4, 5]
>>> a.append(6)
>>> a
[1, 2, 3, 4, 5, 6]
```

list 的 extend 函數可將兩個列表合併起來，操作如下：

```
>>> a
[1, 2, 3, 4, 5, 6]
>>>
>>> a.extend([7,8])
>>> a
[1, 2, 3, 4, 5, 6, 7, 8]
```

list 的 reverse 函數可用來翻轉整個 list，操作如下：

```
>>> a
[1, 2, 3, 4, 5, 6, 7, 8]
>>> a.reverse()
>>> a
[8, 7, 6, 5, 4, 3, 2, 1]
```

　　list 的 sort 函數可將 list 內的值進行排序，操作如下：

```
>>> a
[8, 7, 6, 5, 4, 3, 2, 1]
>>> a.sort()
>>> a
[1, 2, 3, 4, 5, 6, 7, 8]
```

　　list 的 count 函數可計算特定值在該序列中有幾個，操作如下：

```
>>> a=[1,2,3,4,3,2,3,3,3,3]
>>> a.count(1)
1
>>> a.count(3)
6
```

　　list 的 index 函數可以得知特定值在 list 的哪個 index 當中，操作如下：

```
>>> a=[1,2,3,4,3,2,3,3,3,3]
>>> a.index(3)
2
>>> a.index(2)
1
>>> a.index(1)
0
```

　　list 的 remove 函數可以刪除特定值，操作如下：

```
>>> a
[1, 2, 3, 4, 3, 2, 3, 3, 3, 3]
>>> a.remove(3)
>>> a
[1, 2, 4, 3, 2, 3, 3, 3, 3]
```

4. list 判斷應用

Python 中有提供 in 關鍵字，in 可以用來判斷特定值是否有在序列當中。list 搭配 in 的操作如下：

```
>>> a=[1,2,3,4,5]
>>> 1 in a
True
>>> 6 in a
False
```

5. list 迴圈應用

Python 可透過 for 迴圈來依序執行 tuple 物件內的值，操作如下：

```
>>> a=[1,2,3,4,5]
>>> for i in a:
...   print(i)
...
1
2
3
4
5
```

❖ dictionary

1. dictionary 定義、取值

dictionary 是用大括號來定義的物件，dictionary 是一個 key、value 的架構，一個 key 去對應到特定的值，以下是操作範例：

```
>>> a={'apple':20,'banana':40}
>>> a
{'apple': 20, 'banana': 40}
```

2. dictionary 函數應用

dictionary 中可透過 len 函數查看該變數的 key 總共有幾個，操作如下：

```
>>> a={'apple':20,'banana':40}
>>> a
```

```
{'apple': 20, 'banana': 40}
>>> len(a)
2
```

dictionary 中可透過 copy 函數複製出相同物件，不讓繼承的屬性導致變數間互相影響，操作如下：

```
>>> b=a.copy()
>>> b
{'apple': 20, 'banana': 40}
>>> b['apple']=30
>>> b
{'apple': 30, 'banana': 40}
>>> a
{'apple': 20, 'banana': 40}
```

dictionary 中可透過 clear 函數清空該物件內的值，操作如下：

```
>>> b
{'apple': 30, 'banana': 40}
>>> b.clear()
>>> b
{}
```

dictionary 中可透過 keys、values 函數取出物件內的所有 key、value，操作如下：

```
>>> a
{'apple': 20, 'banana': 40}
>>> a.keys()
dict_keys(['apple', 'banana'])
>>> a.values()
dict_values([20, 40])
```

3. dictionary 迴圈應用

若要透過 for 迴圈直接執行 dictionary 物件，可透過 item 函數將 dictionary 轉換為 list 物件後，再執行迴圈，操作如下：

```
>>> a
{'apple': 20, 'banana': 40}
```

```
>>> a.items()
dict_items([('apple', 20), ('banana', 40)])
>>> for k,v in a.items():
...   print(k,v)
...
apple 20
banana 40
```

技巧7【實作】判斷式結構介紹

程式語言的判斷式分為兩個部分:「邏輯判斷子」、「條件判斷式」。簡單來說,「邏輯判斷式」就是產生出一個布林值(True、False),以下分別介紹這兩者。

❖ 邏輯判斷式

Python 的基本邏輯判斷子有:

邏輯判斷子	說明
>、>=	大於、大於等於。
<、<=	小於、小於等於。
==、!=	等於、不等於。
in	在。

如果有多個邏輯判斷子,則可以透過以下兩個合併邏輯運算子進行組合:

邏輯判斷子	說明
and	並且。
or	或者。

以下分別介紹各種邏輯判斷式:

1. 大於、大於等於

```
>>> a=200
>>> a>210
False
>>> a>=100
True
```

2. 小於、小於等於

```
>>> b=300
>>> b<200
False
>>> b<=400
True
```

3. 等於、不等於

```
>>> a=300
>>> b=250
>>> a==b
False
>>> a!=b
True
```

4. 並且（and）、或者（or）

```
>>> a
100
>>> b
90
>>> a==100 and b==100
False
>>> a==100 and b==90
True
>>> a==100 or b!=100
True
```

❖ 條件判斷式

　　「條件判斷式」是透過特定的布林值來決定要執行哪些區塊的程式碼，條件判斷式的關鍵字如下：

關鍵字	說明
if	如果。
else	除此之外。
elif	又如果（第二個條件以上）。

在 Python 中，條件判斷式需要透過縮排來定義運算式，也就是判斷後要執行的程式碼，語法如下：

```
if 判斷式：
        運算式
elif 判斷式 2:        ——— 如果沒有多判斷式可省略
        運算式        ——— 如果沒有多判斷式可省略
else:                ——— 如果沒有除此之外要執行的部分可省略
        運算式        ——— 如果沒有除此之外要執行的部分可省略
```

單獨一個判斷式，操作如下：

```
>>> a=100
>>> if a > 100:        ——— 判斷式 1
...     print('a>100')
... else:              ——— 除此之外
...     print('a<=100')
...
a<=100
>>>
```

兩個判斷式以上，操作如下：

```
>>> b=' 下雨 '
>>> if b==' 晴天 ':
...     print(' 今天不用帶傘 ')
... elif b==' 下雨 ':
...     print(' 今天要帶傘 ')
... else:
...     print(' 天氣不明 ')
...
今天要帶傘
>>>
```

技巧 8 【實作】迴圈式結構介紹

在 Python 中，迴圈分為「for 迴圈」及「while 迴圈」，用法也不同。「for 迴圈」是將特定集合依序執行的迴圈；「while 迴圈」則是透過條件判斷式決定是否依序執行的語法，以下將分別介紹。

❖ for 迴圈

for 迴圈控制結構中，透過縮排來定義運算式的區塊，基本的語法如下：

```
for 迴圈變數 in 向量：
        運算式
```

上述基本語法中的迴圈變數是迴圈一個專屬的變數，會透過迴圈的循環來改變值，當迴圈結束以後，該變數會續存在 Python 環境當中，迴圈內所制定的運算式將依照每個開發者的需求來自訂，接下來我們透過簡單的範例來了解 for 迴圈的運作。

我們可透過 list、tuple 序列來作為基礎進行迴圈。以下介紹如何定義序列，並透過迴圈依序將值顯示出來：

```
>>> a=[1,2,3,4,5,6,7]
>>> for i in a:
...     print(i)
...
1
2
3
4
5
6
7
```

以上範例都是介紹 for 迴圈中的循環變數的變化。以下介紹透過迴圈的運算式進行運算的操作，若我們要將序列內的數值依序加總，操作如下：

```
>>> a
[1, 2, 3, 4, 5, 6, 7]
>>> n=0
>>> for i in a:
...     n+=i
...
>>> n
28
```

❖ while 迴圈

Python 中的 while 迴圈的基本原理很簡單，就是制定一個判斷原則（邏輯表達式），遵循這個原則來循環迴圈，但也因為這個因素，如果條件式沒有設定好，就有可能變成無窮迴圈，也就是無法跳離迴圈，導致迴圈不斷執行的情況。

while 迴圈控制結構中，基本的語法為：

```
while 判斷式：
    運算式
```

首先，與 for 一樣寫出一個簡單的迴圈，從 1 執行到 10，來了解 while 循環的架構：

```
>>> a=1
>>> while a<=10:
...     print(a)
...     a+=1
...
1
2
3
4
5
6
7
8
9
10
>>>
```

無限迴圈就是條件式結果永遠為 True，則迴圈無法停止，以下是無限迴圈的簡單作法：

```
>>> a=0
>>> while True:
...     print(a)
...     a+=1
...
0
1
2
3
```

```
4
5
6
......
......
```

　　了解到 while 迴圈循環的概念後，我們就可以透過四則運算去設計一個簡單的有限迴圈。只要符合判斷式，while 就會一直重複執行運算式，直到不符合為止，接著我們設計一個計算 1 加到 10 的 while 迴圈，操作如下：

```
>>> a=1
>>> b=0
>>> while a<= 10:
...     b+=a
...     a+=1
...
>>> b
55
```

❖ 跳出迴圈

　　在 Python 中，若要強制跳出迴圈，則可以透過 break 語法，使用的時機點可以透過條件判斷式來決定。break 的操作方法如下：

```
>>> a=0
>>> while a<10:
...     a+=1
...     if a==5 :
...             break
...     print(a)
...
1
2
3
4
```

❖ 跳出特定循環

　　在 Python 中，若要強制跳出該循環，可以透過 continue 語法，使用的時機點可以透過條件判斷式來決定。continue 的操作方法如下：

```
>>> a=[1,2,3,4,5,6]
>>> for i in a:
...
...     if i == 3:
...         continue
...     print(i)
1
2
4
5
6
>>>
```

❖ 不執行任何動作

Python 提供了一個 pass 指令，該關鍵字不會執行任何功能，若需要不執行該功能，卻又需要運算式的內容時，可以採用該指令。

技巧9 【實作】序列推導式的延伸應用

「序列推導式」的英文名稱為「list（tuple） comprehension」，是 Python 中對於序列型別的獨特用法。

序列推導式是序列與迴圈、判斷式的結合應用，關於迴圈及條件判斷句可以參考本章的技巧 7、8，使用序列推導式的語法如下：

[運算式 for 循環變數 in 指定的序列]

序列推導式可以透過減短的程式碼，直接將循環變數進行運算後存進新的序列當中，以下透過操作來介紹。

我們對於特定的序列，將裡面的值全部 +1，成為一個新的變數，操作如下：

```
>>> a=[1,2,3,4,5]
>>> [ i+1 for i in a ] ─────────────  將所有集合內的元素 +1
[2, 3, 4, 5, 6]
```

序列推導式除了運算以外，還能夠加上條件判斷式，如下所示：

[運算式 for 循環變數 in 指定的序列 if 特定條件]

我們可以將條件式放在最後面，乍看之下，有點像資料庫的 query 指令，而我們判斷將特定值進行計算後變成序列的方式，操作如下：

```
> >>> a
[1, 2, 3, 4, 5]
>>> [ i+1 for i in a if i>=3 ]
[4, 5, 6]
```

序列推導式最常被使用到的部分就是「拆解資料」，如果我們希望從二維的序列中取出特定欄位順序的內容，則可以透過序列推導式。

若我們要從一維的陣列變成二維的，再存二維陣列變回一維，讀者只需要搞清楚該迴圈的循環變數是什麼，就能夠輕鬆駕馭了，操作如下：

```
>>> a
[1, 2, 3, 4, 5]
>>> b=[[i,i+10] for i in a ]
>>> b
[[1, 11], [2, 12], [3, 13], [4, 14], [5, 15]]
>>> [ i[1] for i in b ]
[11, 12, 13, 14, 15]
>>>
```

序列推導式經常使用在讀取檔案、進行資料篩選時會用到，讀取檔案可以透過以下的方式：

[運算式 for 循環變數 in open(指定檔案)]

技巧 10 【實作】建立函數的方法

在撰寫 Python 程式語言時，為了方便管理程式碼，我們會將高頻率被使用的程式碼寫為函數。舉例來說，我們常常取得特定資料，這個功能的程式碼約 20 行，我們可以把它寫成函數，之後若需要調整取得資料的程式碼，我們就只需要針對函數修改，而不用針對每個程式檔案內的程式碼一一修改，可方便統一管理。另一方面，也可以節省程式碼的篇幅，讓我們對自己的程式檔賞心悅目。

函數在任何語言中，目的都是一個轉換輸入與結果，將輸入值透過函數轉換為輸出值。自訂函數在 Python 中的語法如下：

```
def 函數名稱 ( 輸入值 ):
    # 縮排
    ...
    ...
    ...
    return 輸出值
```

🚀 **說明** Python 若有定義到區塊的程式碼，Python 是透過縮排來定義。

而函數中輸入值與輸出值並非必要，舉例來說，我們進入 Python 的環境後，定義一個函數如下：

```
>>> def myfun1():
...   print('Hello')
...
>>>
>>> myfun1()
Hello
```

myfun1 函數並不需要輸入值，只要我們呼叫它（輸入「myfun1 ()」），就會執行這函數（輸出「Hello」），如下所示：

```
>>> myfun1()
Hello
```

接著，我們定義一個基本的計算回傳函數，當我們輸入 x 至 y 時，能夠幫我們計算 x 與 y 的和：

```
>>> def myfun2(x,y):
...   return x+y
...
```

當我們呼叫 myfun2 並給定兩個正整數，就會執行這函數，如下所示：

```
>>> myfun2(100,45)
145
```

技巧 11 【實作】建立類別的方法

本技巧將介紹 Python 除了函數以外可以自訂的型別，就是 class（中文是「類別」）。組成 Python 套件模組，都是透過 function、class 來定義，也就表示組成套件的最低單位為 function、class，class 是一個類別，讀者可以把它當作是一個模型。

舉例來說，我們是一間自動化工廠，要做一個圓形的蛋糕，我們需要圓形蛋糕的模型，class 就像是這個圓形蛋糕的模型，只要有這個模型，我們就可以大量產生蛋糕。

定義模型主要有兩個部分，第一個是「模型的屬性」，第二個是「模型的方法」。現在我們要定義一個動物的模型，我們先定義該模型的名稱、年齡、體重，範例程式碼如下：

```
class animal():
    def __init__(self,name,age,weight):
        self.Name=name
        self.Age=age
        self.Weight=weight
```

接下來介紹上面的程式碼，第一行「class animal():」是定義 class，class 名稱為「animal」。

第二行可以看到「def __init__(self,name,age):」，「def __init__(self)」代表宣告該類別的初始化屬性數，該函數會在類別被宣告時執行一次，通常我們拿來進行類別的基本變數定義，而「__init__」區塊內的三個變數是「name」、「age」、「weight」，代表初始化要設定的屬性。

初始化的變數會在宣告該類別時當作參數帶入，接著我們執行剛才所定義的類別，然後宣告該類別，宣告時會帶入「name」、「age」、「weight」等三種屬性，執行如下：

```
>>> class animal():
...     def __init__(self,name,age,weight):
...         self.Name=name
...         self.Age=age
...         self.Weight=weight
...
>>>
>>> jack=animal('pig',30,90)
>>> jack
<__main__.animal object at 0x00000249B1C143A0>
```

宣告完成後，我們就可以直接呼叫該類別的「name」、「age」、「weight」屬性，操作如下：

```
>>> jack.Age
30
>>> jack.Weight
90
```

第一階段完成，接著我們可以針對這個類別去做延伸的定義。我們會在該類別底下定義專屬的 function，這裡我們統一稱為該類別的「方法」，這種方法必須要透過特定的方式執行，並不是一般的 function，有點像是針對該類別去制定特定的功能，執行方法的語法如下：

類別名稱 . 方法名稱 ( )

舉例來說，我們制定 animal 類別去做吃的動作，吃的時候會增加體重 Weight，程式碼如下：

```
class animal():
    def __init__(self,name,age,weight):
        self.Name=name
        self.Age=age
        self.Weight=weight
    def Eat(self,eat_n):
        self.Weight+=eat_n
```

上述的程式碼中新增一個 Eat 函數，這個函數會增加該類別當中的 Weight 屬性，接著我們操作該類別，操作如下：

```
>>> class animal():
...     def __init__(self,name,age,weight):
...         self.Name=name
...         self.Age=age
...         self.Weight=weight
...     def Eat(self,eat_n):
...         self.Weight+=eat_n
...
>>> jack=animal('pig',30,90)
>>> jack.Eat(20)
```

```
>>> jack.Weight
110
```

技巧 12 【實作】建立函式庫並取用

本技巧將介紹建立屬於自己常用的函式庫。舉例來說，我們有常用的 5 個函數、2 個類別，我們可以將這些東西寫進我們的函式庫，並且撰寫新程式後，只需要載入該函式庫即可取用，也就是一般外部套件的取用方法。

我們可撰寫 py 檔來建立函式庫，寫完之後，只要確保程式的工作路徑是在函式庫的檔案位置，就可以載入取用了，以下介紹如何在函式庫中建立函數。

▌ 檔名：function.py

```
def add100(x):
    return x+100
```

載入並執行，過程如下：

```
>>> import function
>>> function.add100(100)
200
>>>
```

技巧 13 【實作】檔案應用處理

本技巧將介紹 Python 對文字檔案的控制，對於檔案的控制分為「啟動」、「關閉」、「寫入」、「讀取」，另外 Python 也有提供逐行讀取的函數，以下將分別介紹這些功能。

❖ 取用檔案

Python 中 open 函數可直接啟動檔案，並可選擇啟動的權限，權限分為「w」、「r」、「a」，即讀、寫、附加。

open 函數的操作介紹如下：

```
>>> f=open('a.txt','w+')
>>> f.name ─────────────────── 取用後，查詢檔案名稱
```

```
'a.txt'
>>> f.closed ———————————————————— 取用後，查詢是否關閉取用
False
>>> f.mode ———————————————————— 取用後，查詢對檔案的權限
'w+'
```

也可以透過 open 函數搭配序列推導式，直接將檔案內容存進 list 當中，操作如下：

```
>>> [ i for i in open('a.txt')]
['123456789']
```

❖ 關閉取用檔案

Python 提供 close 函數，可對啓動的文字檔進行關閉，關閉之後則無法對文字檔做後續的動作，操作如下：

```
>>> f.name
'a.txt'
>>> f.closed
False
>>> f.close()
>>> f.name
'a.txt'
>>> f.closed ———————————————————— 關閉檔案後，查詢是否關閉，如果成立則回傳「是」
True
```

❖ 寫入檔案

Python 提供 write 函數，可以將字串寫入文字檔案，操作如下：

```
>>> file= open('123.txt','w+')
>>> file.write("123456789/n")
>>> file.close()
```

❖ 讀取檔案

Python 提供 read 函數，可直接對檔案進行讀取，操作如下：

```
>>> file= open('a.txt','r')
>>> file.read()
```

```
'123456789/n'
>>> file.close()
```

❖ 讀取檔案行數

Python 提供 readline、readlines 函數，可以讀取檔案的首行及所有行的資料。範例讀取的檔案如下：

▌ 檔名：text.txt

12312312312
12312312323
12312312312
12321321312
12312334343
12334354534

操作如下：

```
>>> open('text.txt').readline()
'12312312312\n'
>>> open('text.txt').readlines()
['12312312312\n', '12312312323\n', '12312312312\n', '12321321312\n', '12312334343\n',
'12334354534']
```

技巧 14 【實作】Python 異常處理的應用

本技巧將介紹如何去進行程式碼異常判斷處理，通常在牽扯到網際網路的時候，我們的程式碼就可能會產生例外狀況。舉例來說，我們撰寫網頁爬蟲，雖然程式碼都經過調整，但是此時網頁伺服器還是有可能因為特殊情形而導致出現沒有考慮過的情況。

發生意外狀況時，我們可以使用 Python 排除異常處理的語法來避免程式終止，異常處理的指令分為三種關鍵字，以下分別介紹：

關鍵字	說明
try	try 關鍵字的區塊，我們要放上有可能會產生例外錯誤的程式碼，Python 直譯器會預先進行執行測試來檢查是否有例外錯誤，如果有發生例外錯誤，則會執行 except 關鍵字的區塊。
except	except 關鍵字的區塊是用來執行 try 發生例外狀況的備援方案。
finally	finally 關鍵字的區塊是只要有建立 try、except 就會執行的區塊。

舉例來說，當一個字串對數值進行加總，這時會產生型別錯誤，而這種情況下 Python 通常會跳出錯誤訊息，操作如下：

```
>>> print('1'+1)
Traceback (most recent call last):
  File "<stdin>", line 1, in <module>
TypeError: can only concatenate str (not "int") to str
```

接著，我們透過 try 及 except 區塊來定義異常處理。我們對這個錯誤的程式碼加上 try、except，操作如下：

```
>>> try:
...     print('1'+1)
... except:
...     print(1+1)
...
2
```

透過上述的操作，我們可以看到結果是顯示 2，也就是 Python 自動執行了 except 的區塊。

另外，except 除了執行備援方案以外，也可以提出錯誤提示，語法為「except Exception as e」，該語法的意思是「將例外狀況的原因別名為變數 e」，接著我們可以在區塊內將 e 顯示出來，操作過程如下：

```
>>> try:
...     print('1'+1)
... except Exception as e:
...     print(e)
...
can only concatenate str (not "int") to str
```

技巧 15 【實作】使用 Python 的外掛套件

Python 的其中一大優勢就是「擁有廣泛的套件資源」，而套件又分為「Python 預設安裝的」以及「需要額外安裝的」。舉例來說，math 套件就是 Python 在安裝完成後就可以使用的，而 pandas 套件則不是，它需要額外進行安裝。

　　本技巧將介紹如何安裝套件及使用套件。首先介紹如何使用外部套件，我們在 Python 命令列中輸入「import pandas」指令，如果是第一次接觸該套件的讀者，會出現下列的錯誤，操作如下：

```
>>> import pandas
Traceback (most recent call last):
  File "<stdin>", line 1, in <module>
ModuleNotFoundError: No module named 'pandas'
```

　　我們在 Python 中輸入「quit()」，進入 Windows CMD 介面：

```
>>> quit()

C:\Users\User>
```

　　進入後，我們輸入「pip」：

```
C:\Users\User>pip

Usage:
  pip <command> [options]

Commands:
  install                    Install packages.
  download                   Download packages.
  uninstall                  Uninstall packages.
  freeze                     Output installed packages in requirements format.
  list                       List installed packages.
  show                       Show information about installed packages.
...
```

　　我們可透過「pip -V」來檢查 pip 版本是否與現用的 Python 版本相符。

　　接著，我們輸入「pip install pandas」，以安裝套件，操作如下：

```
C:\Users\User>pip install pandas
Collecting pandas
  Downloading pandas-1.4.2-cp310-cp310-win_amd64.whl (10.6 MB)
     -------------------------------------- 10.6/10.6 MB 2.4 MB/s eta 0:00:00
Collecting numpy>=1.21.0
```

```
  Downloading numpy-1.22.3-cp310-cp310-win_amd64.whl (14.7 MB)
     ------------------------------------ 14.7/14.7 MB 2.1 MB/s eta 0:00:00
Collecting python-dateutil>=2.8.1
  Using cached python_dateutil-2.8.2-py2.py3-none-any.whl (247 kB)
Collecting pytz>=2020.1
  Downloading pytz-2022.1-py2.py3-none-any.whl (503 kB)
     ------------------------------------ 503.5/503.5 KB 2.1 MB/s eta 0:00:00
Collecting six>=1.5
  Using cached six-1.16.0-py2.py3-none-any.whl (11 kB)
Installing collected packages: pytz, six, numpy, python-dateutil, pandas
Successfully installed numpy-1.22.3 pandas-1.4.2 python-dateutil-2.8.2 pytz-2022.1 six-
1.16.0
```

只要看到最後有產生「Successfully installed …」，就代表正確安裝。我們重新進入 Python 命令列中執行「import pandas」，如果沒有跳出錯誤訊息，則代表正確載入套件，操作過程如下：

```
C:\Users\User>python
Python 3.10.4 (tags/v3.10.4:9d38120, Mar 23 2022, 23:13:41) [MSC v.1929 64 bit (AMD64)] on
win32
Type "help", "copyright", "credits" or "license" for more information.
>>> import pandas
>>>
```

技巧 16 【實作】時間套件的應用觀念

在 Python 中，datetime 是常用的時間套件，可以方便我們快速處理時間的資料格式，並且 datetime 套件已經支援到百萬分之一秒，為目前許多高頻資料的時間格式，這也是為什麼本書會採用 datetime 套件來介紹的緣故。

❖ 字串轉時間

time 套件所支援的最小時間單位至秒，而 datetime 可以支援到微秒的單位，以下是 datetime.strptime 函數的操作介紹：

```
>>> import datetime
>>> a=datetime.datetime.strptime("13:45:00.430000","%H:%M:%S.%f")
>>> b=datetime.datetime.strptime("13:45:00.530000","%H:%M:%S.%f")
```

```
>>> a
datetime.datetime(1900, 1, 1, 13, 45, 0, 430000)
>>> b
datetime.datetime(1900, 1, 1, 13, 45, 0, 530000)
```

　　datetime 時間格式可以進行時間大小的判斷，若字串轉換時沒有填入日期，該套件會統一由 1900/1/1 來預設填值。以下進行時間判斷，操作如下：

```
>>> a
datetime.datetime(1900, 1, 1, 13, 45, 0, 430000)
>>> b
datetime.datetime(1900, 1, 1, 13, 45, 0, 530000)
>>> a>b
False
>>> b>a
True
```

　　以上是相差 0.1 秒的時間判斷。

❖ 時間轉字串

　　延續前面的內容，我們將時間格式的值轉為字串，需要透過 strftime 函數進行轉換，該函數是 datetime 資料型別才可以直接進行轉換，參數為時間的表達式，表達式如下：

參數	說明
%Y	年。
%m	月。
%d	日。
%H	時。
%M	分。
%S	秒。
%f	微秒。

　　接著將時間轉字串，操作如下：

```
>>> a
datetime.datetime(1900, 1, 1, 13, 45, 0, 430000)
>>> a.strftime('%Y%m%d %H%M%S')
'19000101 134500'
```

```
>>> a.strftime('%Y/%m/%d %H:%M:%S.%f')
'1900/01/01 13:45:00.430000'
```

❖ 時間計算

我們需要透過timedelta函數來進行datetime時間格式的計算，timedelta的預設參數依序為「日」、「秒」，以下是timedelta函數的操作介紹：

```
>>> import datetime
>>> a=datetime.datetime.strptime("13:45:00.430000","%H:%M:%S.%f")
>>> a+datetime.timedelta(0,1)
datetime.datetime(1900, 1, 1, 13, 45, 1, 430000)
>>> a-datetime.timedelta(0,1)
datetime.datetime(1900, 1, 1, 13, 44, 59, 430000)
>>>
```

🚀 **說明** 必須要datetime格式，才能進行timedelta函數計算。

Pandas 套件介紹

本章介紹了 Python 的 Pandas 套件，包括 Pandas 資料型態的基本應用、資料清洗、檔案處理、資料合併、資料視覺化、群組化處理及時間序列資料處理。Pandas 是 Python 中一個非常重要的資料處理套件，它提供了豐富的功能和工具，可以幫助我們更輕鬆進行資料處理和分析。

技巧 17 【實作】Pandas 資料型態基本應用

❖ Pandas DataFrame、Series 介紹

由於本書的資料分析會使用到 Pandas DataFrame 資料型態，所以本技巧會介紹 Pandas 套件內的 DataFrame 應用。

DataFrame 是 Pandas 中最重要的資料型態之一，該型態類似於一個二維的表格，有點像 Excel，可以將不同類型的資料儲存在其中，包括整數、浮點數、文字、日期等。DataFrame 可以進行資料選擇、篩選、分組、排序、合併等操作，是進行資料分析和處理的重要工具。

Series 是 Pandas 中另一個常用的資料型態，類似於一個一維的陣列或串列，但是 Series 具有類似於字典的結構，其中每個元素都有一個對應的索引值。Series 可以儲存不同類型的資料，並支援資料選擇、篩選、排序、統計等操作。

❖ 定義新 DataFrame 及查看型態屬性

定義新的 DataFrame，可以透過 Python 的 dictionary 格式來進行轉換，由於 dictionary 也是屬於 Key、Value 的型態，所以與 Dataframe 相似，但是 Dataframe 又有著表格的相關屬性。

接著，我們就以 dictionary 介紹 Dataframe 應該如何定義，定義 Dataframe 的程式碼如下：

```python
# 載入 pandas 套件
import pandas as pd
# 定義要轉換為 Dataframe 的資料
data = {'open':[8,10,12], 'close':[10, 12, 13]}
# 將 dictionary 轉換為 DataFrame
df = pd.DataFrame(data)
# 顯示 DataFrame
print (df)
```

上述的程式碼透過 Python 執行完成如下：

```
   open  close
0     8     10
1    10     12
2    12     13
```

然後，我們介紹 list 如何轉換為 DataFrame，程式碼如下：

```
import pandas as pd

# list 轉成 dataframe
lst = [['tom', 'reacher', 25], ['krish', 'pete', 30],
       ['nick', 'wilson', 26], ['juli', 'williams', 22]]

df = pd.DataFrame(lst,
                  columns =['FName', 'LName', 'Age'],
                  dtype = float)
```

上述的程式碼透過 Python 執行完成如下：

```
>>> df
   FName     LName   Age
0    tom   reacher  25.0
1  krish      pete  30.0
2   nick    wilson  26.0
3   juli  williams  22.0
```

如此便完成了 DataFrame 的定義，而 DataFrame 型態的屬性共有三個，分別如下：

屬性	說明
ndim	維度，通常為二維。
shape	形狀，回傳是一個兩個值的陣列，分別是列及欄。
dtypes	分別表示每一欄的資料屬性。

查看 DataFrame 屬性的程式碼如下：

```
# 查看 DataFrame 的維度
print(df.ndim)
# 查看 DataFrame 的列欄數
print(df.shape)
# 查看 DataFrame 的陣列型態
print(df.dtypes)
```

上述的程式碼透過 Python 執行完成如下：

```
# 查看 DataFrame 的維度
2
```

```
# 查看 DataFrame 的列欄數
(3, 3)

# 查看 DataFrame 的陣列型態
open     int64
close    int64
high     int64
dtype: object
```

❖ 取得 DataFrame 欄位資料

取得 DataFrame 欄位資料，需要在宣告 DataFrame 變數時，在後方的索引值加上欄位名稱即可。

本次操作將延續前面的內容，取得 DataFrame 欄位資料的程式碼如下：

```
# 透過屬性的方式呼叫
print(df.open)
# 透過索引的方式呼叫
print(df['open'])
```

上述的程式碼透過 Python 執行完成如下：

```
0     8
1     10
2     12
Name: open, dtype: int64
0     8
1     10
2     12
Name: open, dtype: int64
```

❖ 取得 DataFrame 欄位資料細節

本次操作將延續前面的內容，取得 DataFrame 欄位細節的程式碼如下：

```
# 取得 dataframe 的索引
df.info()
# 取得 dataframe 的敘述統計
df.describe()
```

上述的程式碼透過 Python 執行完成如下：

```
df.info()
<class 'pandas.core.frame.DataFrame'>
RangeIndex: 3 entries, 0 to 2
Data columns (total 2 columns):
 #   Column  Non-Null Count  Dtype
---  ------  --------------  -----
 0   open    3 non-null      int64
 1   close   3 non-null      int64
dtypes: int64(2)
memory usage: 176.0 bytes


df.describe()
Out[5]:
       open      close
count  3.0   3.000000
mean   10.0  11.666667
std    2.0   1.527525
min    8.0   10.000000
25%    9.0   11.000000
50%    10.0  12.000000
75%    11.0  12.500000
max    12.0  13.000000
```

❖ DataFrame 的 loc、iloc

DataFrame 是表格型態，所以 DataFrame 有內建的函數可以直接將 DataFrame 內的特定內容取出，接著將分別介紹這些函數。

```
# 透過列欄名稱去取得 DataFrame 內的資料
DataFrame.loc[列,欄]
# 透過列欄索引去取得 DataFrame 內的資料
DataFrame.iloc[列,欄]
```

1. loc 是透過列欄的名稱去取得相對應的資料

本次操作將延續前面的內容，取得 DataFrame 欄位資料的程式碼如下：

```
# 顯示從第一列至名叫 2 的列數
print(df.loc[:2])
```

```
# 顯示至名叫 2 的列數的 close 欄位
print(df.loc[2,'close'])
```

上述的程式碼透過 Python 執行完成如下：

```
# 顯示從第一列至名叫 2 的列數
    open   close   high
0      8      10     14
1     10      12     13
2     12      13     21
# 顯示至名叫 2 的列數的 close 欄位
13
```

2. iloc 是透過列欄的索引（數值）去取得相對應的資料

本次操作將延續前面的內容，取得 DataFrame 欄位資料的程式碼如下：

```
# 顯示至第二列
print(df.iloc[:2])
# 顯示至第二列的第二欄位
print(df.iloc[:2,:2])
```

上述的程式碼透過 Python 執行完成如下：

```
# 顯示至第二列
    open   close   high
0      8      10     14
1     10      12     13
# 顯示至第二列的第二欄位
    open   close
0      8      10
1     10      12
```

❖ 新增 DataFrame 欄位

新增 DataFrame 的欄位，只需要定義新的欄位名稱以及給予新的陣列即可。

本次操作將延續前面的內容，取得 DataFrame 欄位資料的程式碼如下：

```
# 新增欄位
df['low']=[1,2,3]
# 顯示 DataFrame
print(df)
```

上述的程式碼透過 Python 執行完成如下：

```
   open  close  high  low
0     8     10    14    1
1    10     12    13    2
2    12     13    21    3
```

❖ 定義空的 DataFrame 並填入新值

定義一個空的 DataFrame，並且自定義欄位後進行資料新增，這用於將 dataframe 作為一個容器的用途來進行資料儲存。

```
a=pd.DataFrame()
a=a.append(pd.Series([ 欄位 1, 欄位 2, 欄位 3]),ignore_index=True)
```

接著，透過範例檔來實現 append 操作。

```
import pandas as pd
a=pd.DataFrame()
a=a.append(pd.Series(['123',123,456]),ignore_index=True)
a=a.append(pd.Series(['234',234,456]),ignore_index=True)
print(a)
```

上述的程式碼透過 Python 執行完成如下：

```
Out[29]:
     0     1      2
0  123  123.0  456.0
1  234  234.0  456.0
```

技巧 18 【實作】Pandas 資料清洗

❖ 判斷 DataFrame 中每個值是否為遺漏值：df.isna()

```
import pandas as pd

# 建立 DataFrame
df = pd.DataFrame({'A': [1, 2, None, 4],
                   'B': [5, None, 7, 8],
                   'C': [9, 10, 11, 12]})

# 判斷 DataFrame 中的遺漏值
print(df.isna())
```

上述的程式碼透過 Python 執行完成如下：

```
       A      B      C
0  False  False  False
1  False   True  False
2   True  False  False
3  False  False  False
```

❖ 刪除含有遺漏值的列或欄：df.dropna()

```
import pandas as pd

# 建立 DataFrame
df = pd.DataFrame({'A': [1, 2, None, 4],
                   'B': [5, None, 7, 8],
                   'C': [9, 10, 11, 12]})

# 刪除含有遺漏值的列
df_drop_row = df.dropna(axis=0)
print(df_drop_row)

# 刪除含有遺漏值的欄
df_drop_col = df.dropna(axis=1)
print(df_drop_col)
```

上述的程式碼透過 Python 執行完成如下：

```
     A    B    C
0  1.0  5.0    9
3  4.0  8.0   12
      C
0     9
1    10
2    11
3    12
```

❖ 將遺漏值填補為指定的值或計算結果：df.fillna()

```
import pandas as pd

# 建立 DataFrame
df = pd.DataFrame({'A': [1, 2, None, 4],
                   'B': [5, None, 7, 8],
                   'C': [9, 10, 11, 12]})

# 將遺漏值填補為 0
df_fill_zero = df.fillna(0)
print(df_fill_zero)

# 將遺漏值填補為各欄的平均值
df_fill_mean = df.fillna(df.mean())
print(df_fill_mean)
```

上述的程式碼透過 Python 執行完成如下：

```
     A    B    C
0  1.0  5.0    9
1  2.0  0.0   10
2  0.0  7.0   11
3  4.0  8.0   12
          A         B    C
0  1.000000  5.000000    9
1  2.000000  6.666667   10
2  2.333333  7.000000   11
3  4.000000  8.000000   12
```

❖ 判斷 DataFrame 中是否有重複資料：df.duplicated()

```python
import pandas as pd

# 建立一個包含重複資料的 DataFrame
df = pd.DataFrame({
    'A': [1, 2, 3, 3],
    'B': [4, 5, 6, 6]
})

# 判斷是否有重複的列，預設判斷所有欄
dup_rows = df.duplicated()
print(dup_rows)

# 只判斷某欄是否有重複的列
dup_rows = df.duplicated(subset='A')
print(dup_rows)
```

上述的程式碼透過 Python 執行完成如下：

```
0    False
1    False
2    False
3     True
dtype: bool
0    False
1    False
2    False
3     True
dtype: bool
```

❖ 刪除重複資料：df.drop_duplicates()

```python
import pandas as pd

# 建立一個包含重複資料的 DataFrame
df = pd.DataFrame({
    'A': [1, 2, 3, 3],
    'B': [4, 5, 6, 6]
})
```

```
# 刪除重複的列，預設判斷所有欄
df = df.drop_duplicates()
print(df)

# 只刪除某欄重複的列
df = df.drop_duplicates(subset='A')
print(df)
```

上述的程式碼透過 Python 執行完成如下：

```
   A  B
0  1  4
1  2  5
2  3  6
   A  B
0  1  4
1  2  5
2  3  6
```

透過上述的處理遺漏和重複資料的函數，我們可以將資料清洗，並準備好進一步的分析。需要注意的是，在處理遺漏和重複資料時，需要根據具體情況來決定使用哪些函數和參數。

技巧 19　【實作】Pandas 檔案處理

❖ 讀取 CSV 檔案：pd.read_csv()

假設有一個名爲「data.csv」的 Excel 檔案，檔案內容如下：

```
Name, Age, Gender
John, 24, Male
Emily, 31, Female
David, 18, Male
```

Python 範例碼如下：

```
import pandas as pd

# 從 CSV 檔案中讀取資料
```

```
data = pd.read_csv('data.csv')
print(data)
```

❖ 讀取 Excel 檔案：pd.read_excel()

假設有一個名為「data.xlsx」的 Excel 檔案，其中一個工作表為 Sheet1，其內容如下：

Name	Age	Gender
John	24	Male
Emily	31	Female
David	18	Male

Python 範例碼如下：

```
import pandas as pd

# 從 Excel 檔案中讀取資料
data = pd.read_excel('data.xlsx', sheet_name='Sheet1')
print(data)
```

這些函數還有許多可選的參數和用法，例如：header、encoding（編碼）等。

❖ 寫入 CSV 檔案：df.to_csv()

```
import pandas as pd

# 建立 DataFrame
data = {
    'Name': ['Amy', 'Bob', 'Cathy', 'David'],
    'Age': [25, 32, 18, 47],
    'Country': ['Taiwan', 'USA', 'Japan', 'China']
}
df = pd.DataFrame(data)

# 將 DataFrame 寫入 CSV 檔案
df.to_csv('example.csv', index=False)
```

❖ 寫入 Excel 檔案：df.to_excel()

```
import pandas as pd

# 建立 DataFrame
data = {
    'Name': ['Amy', 'Bob', 'Cathy', 'David'],
    'Age': [25, 32, 18, 47],
    'Country': ['Taiwan', 'USA', 'Japan', 'China']
}
df = pd.DataFrame(data)

# 將 DataFrame 寫入 Excel 檔案
df.to_excel('example.xlsx', index=False)
```

在這個範例中，to_csv() 和 to_excel() 函數都需要指定檔案名稱和儲存路徑。其中，index 參數是可選的，預設為「True」，表示寫入檔案中是否包含 DataFrame 的索引；如果將 index 設定為「False」，則不會將索引寫入檔案中。

這些函數還有許多可選的參數和用法，例如：encoding（編碼）等。另外，Pandas 還支援其他常見的檔案格式，如 HDF5、HTML、XML 等。

注意，上述程式碼必須先安裝 openpyxl 套件，否則 to_excel() 函數將無法正常運作。我們可以使用下列的指令安裝 openpyxl：

```
pip install openpyxl
```

技巧 20 【實作】Pandas 資料合併

❖ 將多個 DataFrame 按照列或欄拼接到一起：pd.concat()

```
import pandas as pd

# 建立三個 DataFrame
df1 = pd.DataFrame({'A': ['A0', 'A1', 'A2', 'A3'],
                    'B': ['B0', 'B1', 'B2', 'B3'],
                    'C': ['C0', 'C1', 'C2', 'C3'],
                    'D': ['D0', 'D1', 'D2', 'D3']})
```

```python
df2 = pd.DataFrame({'A': ['A4', 'A5', 'A6', 'A7'],
                    'B': ['B4', 'B5', 'B6', 'B7'],
                    'C': ['C4', 'C5', 'C6', 'C7'],
                    'D': ['D4', 'D5', 'D6', 'D7']})

# 將 DataFrame 按照欄拼接
result = pd.concat([df1, df2])
print(result)
```

上述的程式碼透過 Python 執行完成如下：

```
    A   B   C   D
0   A0  B0  C0  D0
1   A1  B1  C1  D1
2   A2  B2  C2  D2
3   A3  B3  C3  D3
0   A4  B4  C4  D4
1   A5  B5  C5  D5
2   A6  B6  C6  D6
3   A7  B7  C7  D7
```

❖ 將另一個 DataFrame 按照列附加到原始 DataFrame 的末尾：df.append()

```python
import pandas as pd

# 建立兩個 DataFrame
df1 = pd.DataFrame({'A': [1, 2], 'B': [3, 4]})
df2 = pd.DataFrame({'A': [5, 6], 'B': [7, 8]})

# 將 df2 附加到 df1
df3 = df1.append(df2)

print(df3)
```

上述的程式碼透過 Python 執行完成如下：

```
   A  B
0  1  3
1  2  4
0  5  7
1  6  8
```

❖ 根據指定的一欄或多欄將兩個 DataFrame 合併在一起：pd.merge()

```
# 建立兩個 DataFrame
df1 = pd.DataFrame({'key': ['K0', 'K1', 'K2', 'K3'], 'A': ['A0', 'A1', 'A2', 'A3'], 'B': ['B0', 'B1', 'B2',
'B3']})
df2 = pd.DataFrame({'key': ['K0', 'K1', 'K2', 'K3'], 'C': ['C0', 'C1', 'C2', 'C3'], 'D': ['D0', 'D1', 'D2',
'D3']})

# 合併兩個 DataFrame
df3 = pd.merge(df1, df2, on='key')

print(df3)
```

上述的程式碼透過 Python 執行完成如下：

```
  key  A   B   C   D
0 K0  A0  B0  C0  D0
1 K1  A1  B1  C1  D1
2 K2  A2  B2  C2  D2
3 K3  A3  B3  C3  D3
```

❖ 用於根據索引或欄位將兩個 DataFrame 進行連接操作，類似於 SQL 中的 JOIN 操作：pd.join()

```
import pandas as pd

# 建立兩個 DataFrame
df1 = pd.DataFrame({'A': [1, 2], 'B': [3, 4]})
df2 = pd.DataFrame({'C': [5, 6], 'D': [7, 8]}, index=[1, 2])

# 將 df2 連接到 df1
df3 = df1.join(df2)

print(df3)
```

上述的程式碼透過 Python 執行完成如下：

```
  A  B   C    D
0 1  3  NaN  NaN
1 2  4  5.0  7.0
```

技巧 21 【實作】Pandas 資料視覺化

❖ 折線圖：plot

「折線圖」是一種用於顯示資料趨勢的圖表，可以透過 df.plot() 函數來生成。以下是範例程式碼：

```python
import pandas as pd
import matplotlib.pyplot as plt

# 建立一個DataFrame
df = pd.DataFrame({'Year': [2015, 2016, 2017, 2018, 2019],
                   'Sales': [500, 600, 700, 800, 900]})

# 繪製折線圖
df.plot(x='Year', y='Sales', kind='line', title='Sales Trend')
plt.show()
```

上述的程式碼透過 Python 執行完成，如圖 2-1 所示。

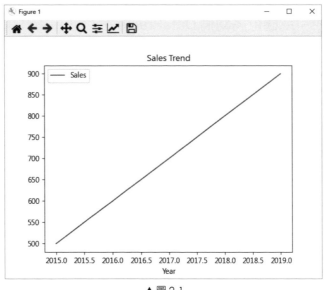

▲ 圖 2-1

❖ 直方圖：plot.hist

「直方圖」是一種用於顯示資料分布情況的圖表，可以透過 df.plot.hist() 函數來生成。以下是範例程式碼：

```python
import pandas as pd
import matplotlib.pyplot as plt

# 建立一個DataFrame
df = pd.DataFrame({'Score': [60, 70, 80, 90, 95, 100, 85, 75, 65, 70, 80]})

# 繪製直方圖
df.plot.hist(bins=5, title='Score Distribution')
plt.show()
```

上述的程式碼透過 Python 執行完成，如圖 2-2 所示。

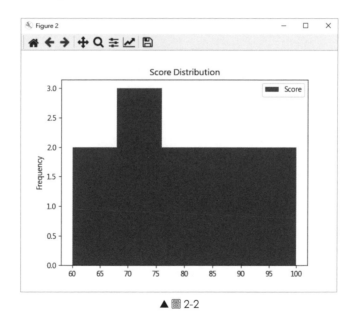

▲ 圖 2-2

❖ 散點圖：plot.scatter

「散點圖」是一種用於顯示資料之間相關性的圖表，可以透過 df.plot.scatter() 函數來生成。以下是範例程式碼：

```
import pandas as pd
import matplotlib.pyplot as plt

# 建立一個 DataFrame
df = pd.DataFrame({'Height': [170, 175, 180, 160, 165, 173, 185],
                   'Weight': [60, 70, 80, 55, 58, 65, 90]})

# 繪製散點圖
df.plot.scatter(x='Height', y='Weight', title='Height vs. Weight')
plt.show()
```

上述的程式碼透過 Python 執行完成，如圖 2-3 所示。

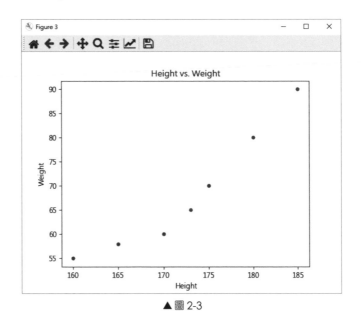

▲ 圖 2-3

技巧22 【實作】Pandas 群組化處理

❖ 資料分群：groupby

將 DataFrame 按照指定的一欄或多欄進行分組，範例程式碼如下：

```
import pandas as pd

# 建立 DataFrame
```

```
df = pd.DataFrame({
    'Name': ['Alice', 'Bob', 'Charlie', 'Dave', 'Ellen', 'Frank', 'Gina', 'Henry', 'Isabel'],
    'Department': ['HR', 'IT', 'IT', 'HR', 'HR', 'IT', 'Sales', 'Sales', 'HR'],
    'Salary': [50000, 60000, 55000, 45000, 48000, 65000, 70000, 75000, 52000]
})

# 按照部門進行分組
grouped = df.groupby('Department')
```

該範例程式會回傳群組化物件，實際應用需搭配後面的內容。

❖ 資料分群統計：agg

使用 agg() 對分組後的資料進行聚合計算，以下是常見的計算模組：

計算模組	說明
sum	計算總和。
mean	計算平均值。
median	計算中位數。
min	計算最小值。
max	計算最大值。
count	計算非遺漏值的個數。
std	計算標準差。
var	計算方差。
first	選擇第一個非遺漏值。
last	選擇最後一個非遺漏值。
nunique	計算唯一值的個數。

範例程式碼如下：

```
# 計算平均薪資、最高薪資和最低薪資
result = grouped.agg({'Salary': ['mean', 'max', 'min']})

print(result)
```

上述的程式碼透過 Python 執行完成如下：

```
           Salary
             mean    max    min
Department
HR        48750.0  52000  45000
```

```
IT        60000.0  65000  55000
Sales     72500.0  75000  70000
```

❖ 資料分群後統計並轉回：transform

對分組後的每個子集進行轉換，回傳轉換後的 DataFrame，範例程式碼如下：

```
# 按照部門進行分組，計算每個分組的平均值和標準差
grouped = df.groupby('Department')['Salary'].transform(lambda x: (x - x.mean()) / x.std())

# 將標準化後的薪資添加回原始 DataFrame
df['Standardized Salary'] = grouped

print(df)
```

上述的程式碼透過 Python 執行完成如下：

```
     Name Department  Salary  Standardized Salary
0   Alice        HR   50000             0.418609
1     Bob        IT   60000             0.000000
2 Charlie        IT   55000            -1.000000
3    Dave        HR   45000            -1.255828
4   Ellen        HR   48000            -0.251166
5   Frank        IT   65000             1.000000
6    Gina     Sales   70000            -0.707107
7   Henry     Sales   75000             0.707107
8  Isabel        HR   52000             1.088384
```

❖ 應用指定函數：apply

對分組後的每個子集應用指定的函數，範例程式碼如下：

```
def salary_stats(group):
    return pd.Series({
        'Mean': group['Salary'].mean(),
        'Total': group['Salary'].sum()
    })

stats = df.groupby('Department').apply(salary_stats)
print(stats)
```

上述的程式碼透過 Python 執行完成如下：

```
             Mean     Total
Department
HR        48750.0   195000.0
IT        60000.0   180000.0
Sales     72500.0   145000.0
```

❖ 分群後篩選：filter

根據指定的條件，從 DataFrame 中篩選出符合條件的列，範例程式碼如下：

```
# 使用 groupby 函數，根據部門進行分組，計算薪資平均值
department_mean = df.groupby('Department')['Salary'].mean()

# 使用 filter 函數，篩選出薪資高於部門平均值的員工
filtered_df = df.groupby('Department').filter(lambda x: x['Salary'].mean() < x['Salary'].max())

print(filtered_df)
```

上述的程式碼透過 Python 執行完成如下：

```
     Name Department  Salary  Standardized Salary
0   Alice        HR   50000             0.418609
1     Bob        IT   60000             0.000000
2  Charlie       IT   55000            -1.000000
3    Dave        HR   45000            -1.255828
4   Ellen        HR   48000            -0.251166
5   Frank        IT   65000             1.000000
6    Gina     Sales   70000            -0.707107
7   Henry     Sales   75000             0.707107
8  Isabel        HR   52000             1.088384
```

技巧 23 【實作】Pandas 時間序列資料處理

❖ 陣列轉時間：to_datetime

將字串或日期時間物件轉換為 Pandas 日期時間物件，範例程式碼如下：

```
import pandas as pd

data = pd.DataFrame({
    'date': ['2022-01-01', '2022-01-02', '2022-01-03'],
    'value': [10, 20, 30]
})

data['date'] = pd.to_datetime(data['date']) print(data['date'])
```

上述的程式碼透過 Python 執行完成如下：

```
0    2022-01-01
1    2022-01-02
2    2022-01-03
Name: date, dtype: datetime64[ns]
```

❖ 資料重新採樣：resample

對時間序列資料進行重新採樣，例如：從天轉換為月，範例程式碼如下：

```
import pandas as pd

# 建立一個每日的時間序列資料
daily_data = pd.DataFrame({
    'date': pd.date_range('2022-01-01', '2022-12-31'),
    'value': range(365)
})

# 將時間序列資料按月重新採樣
monthly_data = daily_data.resample('M', on='date').sum()
```

上述的程式碼透過 Python 執行完成如下：

```
            value
date
2022-01-31    465
2022-02-28   1246
2022-03-31   2294
2022-04-30   3135
2022-05-31   4185
2022-06-30   4965
```

```
2022-07-31   6076
2022-08-31   7037
2022-09-30   7725
2022-10-31   8928
2022-11-30   9555
2022-12-31  10819
```

❖ 資料平移：shift

將時間序列資料按照指定的時間偏移量進行位移，範例程式碼如下：

```python
import pandas as pd

# 建立一個每日的時間序列資料
daily_data = pd.DataFrame({
    'date': pd.date_range('2022-01-01', '2022-12-31'),
    'value': range(365)
})

# 將資料按照日期向後位移一天
daily_data_shifted = daily_data.shift(periods=1)

# 輸出結果
print(daily_data.head())
print(daily_data_shifted.head())
```

上述的程式碼透過 Python 執行完成如下：

```
        date  value
0 2022-01-01      0
1 2022-01-02      1
2 2022-01-03      2
3 2022-01-04      3
4 2022-01-05      4
        date  value
0        NaT    NaN
1 2022-01-01    0.0
2 2022-01-02    1.0
3 2022-01-03    2.0
4 2022-01-04    3.0
```

❖ 資料差值：diff

計算相鄰兩個時間點之間的差值，例如：計算每日收盤價的日收益率，範例程式碼如下：

```python
import pandas as pd

# 建立 DataFrame
stock_data = pd.DataFrame({
    'date': pd.date_range('2022-01-01', '2022-01-06'),
    'price': [100, 110, 120, 125, 130, 135]
})

# 計算價格變化
stock_data['price_diff'] = stock_data['price'].diff()

# 計算每日收益率
stock_data['daily_return'] = stock_data['price_diff'] / stock_data['price'].shift(1)
```

上述的程式碼透過 Python 執行完成如下：

```
        date  price  price_diff  daily_return
0 2022-01-01    100         NaN           NaN
1 2022-01-02    110        10.0      0.100000
2 2022-01-03    120        10.0      0.090909
3 2022-01-04    125         5.0      0.041667
4 2022-01-05    130         5.0      0.040000
5 2022-01-06    135         5.0      0.038462
```

❖ 移動窗格處理：rolling

對時間序列資料進行滾動計算，例如：計算移動平均值或移動標準差，而 rolling 後續可以應用的函數包含以下：

函數	說明
mean()	計算滾動平均值。
sum()	計算滾動總和。
max()	計算滾動最大值。
min()	計算滾動最小值。
std()	計算滾動標準差。

函數	說明
var()	計算滾動方差。
count()	計算滾動計數。
corr()	計算滾動相關性。
cov()	計算滾動協方差。
apply()	對指定的函數應用。

接下來介紹滾動運算，範例程式碼如下：

```python
import pandas as pd

# 建立 DataFrame
stock_data = pd.DataFrame({
    'date': pd.date_range('2022-01-01', '2022-01-06'),
    'price': [100, 110, 120, 125, 130, 135]
})

# 計算 5 日移動平均值和 5 日移動標準差
stock_data['MA5'] = stock_data['price'].rolling(window=5).mean()
stock_data['STD5'] = stock_data['price'].rolling(window=5).std()

# 輸出結果
print(stock_data)
```

上述的程式碼透過 Python 執行完成如下：

```
        date  price    MA5       STD5
0 2022-01-01    100    NaN        NaN
1 2022-01-02    110    NaN        NaN
2 2022-01-03    120    NaN        NaN
3 2022-01-04    125    NaN        NaN
4 2022-01-05    130  117.0  12.041595
5 2022-01-06    135  124.0   9.617692
```

❖ 時間序列合併

我們首先建立了兩個 DataFrame，一個包含氣溫資料，另一個包含降雨量資料，接著我們使用 pd.to_datetime() 將日期欄位轉換為 Datetime 格式，這樣我們就可以使用日期欄位作為鍵值來合併這兩個 DataFrame，最後我們使用 pd.merge() 將兩個 DataFrame 合併成一個新的 DataFrame，並且指定日期欄位為鍵值。範例程式碼如下：

```python
import pandas as pd
import numpy as np

# 建立氣溫和降雨量的 DataFrame
temperature_data = {'日期': ['2023-04-01', '2023-04-02', '2023-04-03', '2023-04-04'],
                    '氣溫': [23.1, 25.4, 27.6, 26.9]}
temperature_df = pd.DataFrame(temperature_data)

rainfall_data = {'日期': ['2023-04-01', '2023-04-02', '2023-04-03', '2023-04-04'],
                 '降雨量': [0.0, 0.2, 0.1, 0.4]}
rainfall_df = pd.DataFrame(rainfall_data)

# 將日期欄位轉換為 Datetime 格式，方便後續處理
temperature_df['日期'] = pd.to_datetime(temperature_df['日期'])
rainfall_df['日期'] = pd.to_datetime(rainfall_df['日期'])

# 將兩個 DataFrame 合併，使用日期欄位作為鍵值
merged_df = pd.merge(temperature_df, rainfall_df, on='日期')

print(merged_df)
```

上述的程式碼透過 Python 執行完成如下：

```
     日期         氣溫    降雨量
0 2023-04-01   23.1   0.0
1 2023-04-02   25.4   0.2
2 2023-04-03   27.6   0.1
3 2023-04-04   26.9   0.4
```

在下面的範例中，我們使用 pd.concat() 將兩個 DataFrame 沿著欄的方向合併，由於兩個 DataFrame 中都包含了日期欄位，因此在合併時要注意去除重複的欄位。此外，由於兩個 DataFrame 中的日期是一樣的，因此在合併後的結果中，日期欄位會出現兩次，需要根據實際需求進行調整。

```python
# 將索引轉換為 Datetime 格式，方便後續處理
temperature_df.index = pd.to_datetime(temperature_df['日期'])
rainfall_df.index = pd.to_datetime(rainfall_df['日期'])

# 使用 pd.concat() 將兩個 DataFrame 沿著欄的方向合併
```

```
concat_df = pd.concat([temperature_df, rainfall_df], axis=1)

print(concat_df)
```

上述的程式碼透過 Python 執行完成如下：

```
        日期         日期  氣溫         日期  降雨量
2023-04-01 2023-04-01  23.1 2023-04-01    0.0
2023-04-02 2023-04-02  25.4 2023-04-02    0.2
2023-04-03 2023-04-03  27.6 2023-04-03    0.1
2023-04-04 2023-04-04  26.9 2023-04-04    0.4
```

## 03

加密貨幣與量化投資介紹

本章介紹加密貨幣與量化投資的相關概念和技巧。從加密貨幣的概念、穩定幣、永續合約、U 本位及幣本位，到投資加密貨幣的優缺點、常見交易所和衍生商品，涵蓋了交易加密貨幣市場的重要知識。

此外，本章還介紹交易加密貨幣的成本結構、永續合約的資金費率、槓桿交易、出入金方式，以及量化交易的基本概念、CTA 策略、回測流程和實單執行流程，這些知識對於透過程式交易加密貨幣非常重要。

技巧 24 【觀念】加密貨幣的概念及商品介紹

本技巧將討論加密貨幣的概念及常見的加密貨幣。「加密貨幣」（也被泛稱為「虛擬貨幣」）是一種使用加密技術進行安全交易和驗證的數位貨幣，它們不依賴於中央銀行或政府機構，而是使用區塊鏈技術來確保交易的安全性和透明性。

❖ DeFi（去中心化金融）vs CeFi（中心化金融）

區塊鏈上所產生的金融稱為「去中心化金融」（DeFi，Decentralized Finance），由於區塊鏈的去中心化特性，讓加密貨幣可以對外開放任何人使用，但是在交換時不需要透過銀行、政府的認證，DeFi 平台利用智能合約和去中心化的資金水池來實現金融交易、借貸、存款和投資等功能，無須依賴傳統金融機構。

而傳統金融又稱為「中心化金融」（CeFi，Centralized Finance），也就是所有金融行為都建立在有監管的系統上，交易活動必須收到第三方監督機關授權，例如：銀行、證券公司和交易所等，CeFi 平台擁有中心化的資金管理和營運結構，依賴傳統金融監管機構的規範和法律框架。

❖ 常見的加密貨幣

我們來介紹一些世界上最知名的加密貨幣：

加密貨幣	說明
比特幣（Bitcoin）	● 比特幣是最早出現的加密貨幣，它以去中心化技術和匿名性聞名。 ● 比特幣的目標是成為一種全球性的加密貨幣，比特幣又被簡稱為「BTC」。
以太坊（Ethereum）	● 以太坊是一個開放的區塊鏈平台，允許用戶建立和運行智能合約和去中心化應用（DApps）。 ● 以太坊的代幣稱為「以太幣」（Ether），以太幣又被簡稱為「ETH」。

這是目前市面上最常見的兩種加密貨幣，當然整個加密貨幣市場上還有許多其他的加密貨幣，圖 3-1 是幣安交易所的商品總覽。

Markets Overview

All price information is in **USD** ▾

Highlight Coin				New Listing				Top Gainer Coin				Top Volume Coin		
BNB	$240.90	+1.56%		FLOKI	$0.00002884	+15.96%		XEC	$0.00004168	+44.87%		BTC	$30.35K	-1.27%
BTC	$30.35K	-1.27%		COMBO	$0.852	+1.79%		QTUM	$2.83	+16.56%		ETH	$1.91K	+1.90%
ETH	$1.91K	+1.90%		LQTY	$0.925	+0.76%		FLOKI	$0.00002884	+15.96%		LTC	$105.15	+10.74%

★ Favorites　　All Cryptos　　Spot Markets　　Futures Markets　　New Listing　　　　🔍 Search Coin Name

88 All　　📑 Zones `New`　　☀ AI　　✦ Layer 1 / Layer 2　　✶ Metaverse　　Meme　　Liquid Staking　　Gaming　　DeFi　　Innovation　　Fan To →

Name	Price	24h ▾ Change	24h Volume	Market Cap		
BTC Bitcoin	$30,354.63	-1.27%	$25.87B	$589.38B		
ETH Ethereum	$1,913.50	+1.90%	$13.18B	$230.03B		
USDT TetherUS	$1.00	+0.07%	$43.91B	$83.34B		
BNB BNB	$240.90	+1.56%	$664.41M	$37.54B		
USDC USD Coin	$1.00	+0.01%	$6.35B	$27.40B		
XRP Ripple	$0.4666	-2.47%	$1.35B	$24.38B		

▲ 圖 3-1

　　由於這幾年加密貨幣的風潮,許多加密貨幣交易所產生了各式各樣的衍生性商品,讓投資人可以在加密貨幣市場中用更多樣的方式去進行投資,例如:加密貨幣期貨、選擇權、借貸合約等,這些衍生性商品提供了更多的交易和投資方式,但同樣也伴隨著相應的風險。

技巧 25 【觀念】穩定幣概念、商品介紹

　　「穩定幣」是在加密貨幣市場中一個特別的存在,由於加密貨幣價格本身是由「加密技術」、「人類信仰」、「稀缺性」這幾個因素所組成的,所以加密貨幣的價格波動相當大,圖 3-2 是比特幣的永續合約價格走勢圖。

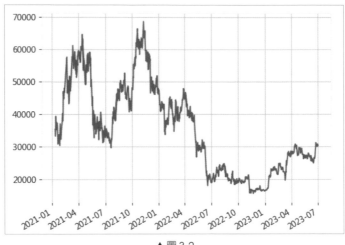

▲ 圖 3-2

　　由於加密貨幣的高風險特性，因此在加密貨幣市場中需要某些穩定的價格商品，這時就出現了「穩定幣」（Stablecoin），穩定幣是一種加密貨幣，其價值相對穩定，通常與某種外部資產（例如：法定貨幣）相關聯。

　　穩定幣的主要目的是提供加密貨幣市場中的價值穩定性，以便用戶可以進行「價值儲存」，而不受加密貨幣市場的劇烈波動影響。穩定幣通常透過採取不同的機制來維持價值穩定，例如：資產儲備、演算法調節或去中心化自治組織（DAO）的治理機制。

❖ 穩定幣的運作原理

　　穩定幣的運作原理可以分為幾種常見的方式：

方式	說明
基於儲備的穩定幣運作原理	● 這種穩定幣通常由實際資產（如法幣或黃金）的儲備支援。 ● 每發行一個穩定幣，都需要將相應的儲備資產鎖定起來，以確保價值的穩定性，有點像傳統金融中金本位的概念。
基於演算法的穩定幣	● 這種穩定幣使用算法和市場機制來維持價值穩定。 ● 例如：當價格上升時，演算法會自動增加供應量來壓低價格，而當價格下跌時，則會自動減少供應量來提高價格。
去中心化自治組織（DAO）穩定幣	● 這種穩定幣的價值穩定由 DAO 的治理機制和社群投票決定。 ● 社群成員可以根據市場需求和機制的運作，來調整穩定幣的供應量和價格。

❖ 常見的穩定幣

穩定幣	說明
泰達幣 （Tether，USDT）	USDT 是基於比特幣和以太坊等區塊鏈的穩定幣，其價值與美元保持固定的 1:1 比例。
布寧幣 （Binance USD，BUSD）	BUSD 是由 Binance 交易所推出的基於以太坊區塊鏈的穩定幣，也以 1:1 比例與美元掛鉤。

這只是兩種常見的穩定幣，市場上還有許多的其他穩定幣的種類，圖 3-3 是幣安交易所中與 USD 相關的穩定幣。

▲ 圖 3-3

技巧 26 【觀念】加密貨幣相較於傳統金融商品的差異

本技巧將會從幾個角度來解讀加密貨幣與傳統金融商品的差異性。加密貨幣與傳統金融商品之間存在著一些重要的差異，在本技巧中，我們將詳細介紹加密貨幣相較於股票、期貨等傳統金融商品的不同。

項目	說明
金融監管	● 傳統金融商品受到嚴格的監管，有制度化的交易所和規則。 ● 加密貨幣市場的監管相對較弱，缺乏統一的監管機構和規則。
市場結構	● 傳統金融市場通常由中心化交易所進行交易。 ● 就目前來說，加密貨幣市場包括中心化交易所和去中心化交易所，多數的加密貨幣交易所還是中心化的交易所。
流動性	傳統金融市場與加密貨幣市場的流動性，都會因為不同交易商品和交易量的不同，而有所差異。
法律地位	● 傳統金融商品受到國家法律的規範和保護。 ● 加密貨幣的法律地位在不同國家和地區存在差異，有些國家對加密貨幣採取友善的立場，而有些國家則持保留態度或實施嚴格監管。

❖ 投資加密貨幣的優劣

項目	說明
潛在獲利與風險	● 加密貨幣市場具有高度的波動率，可能帶來高報酬，也可能帶來破產風險。 ● 由於加密貨幣市場相對年輕且不斷發展，投資者有機會參與到高增長的市場中。
安全性風險	● 加密貨幣的安全性是一個重要問題，包括交易所風險（例如：FTX 交易所倒閉）、錢包安全和防範黑客攻擊等。 ● 投資者需要做好資金配置，並採取適當的安全措施，來保護自己的加密貨幣資產。
交易靈活性	● 加密貨幣市場全天候開放，並具有高度流動性。 ● 投資者可以隨時交易，不需要考慮開盤及收盤時間。

技巧 27 【觀念】常見加密貨幣交易所種類介紹

在目前的世界中，加密貨幣交易所與加密貨幣一樣日新月異，本技巧將介紹一些常見的加密貨幣交易所分類，同時也提供一些選擇交易所的建議和注意事項。

接著，我們介紹一些常見的加密貨幣交易所，包括中心化交易所、去中心化交易所和借貸平台，這些交易所各自有其特點、手續費、交易對和安全性措施。

❖ 常見中心化交易所

中心化交易所	說明
Binance	Binance 是全球最大的中心化交易所之一。
Coinbase Pro	Coinbase Pro 是一個受信任的中心化交易所，主要面向美國和歐洲的用戶。
Kraken	Kraken 是歐洲最大的中心化交易所之一，具有多種加密貨幣的交易對和高流動性。

❖ 常見去中心化交易所（DEX）

去中心化交易所	說明
dYdX	dYdX 是一個去中心化的交易和借貸平台，建立在以太坊區塊鏈上。它提供了永續合約（Perpetual Contracts）交易和去中心化借貸的功能。
Uniswap	Uniswap 是基於以太坊的去中心化交易所，使用自動化流動性協議，提供眾多 ERC-20 代幣的交易對。
PancakeSwap	PancakeSwap 是基於 Binance Smart Chain 的去中心化交易所，提供眾多 BEP-20 代幣的交易對。

❖ 借貸平台

借貸平台	說明
Bitfinex	● Bitfinex 是於 2012 年成立的加密貨幣交易平台，總部位於香港。 ● 作為全球最大的比特幣交易所之一，Bitfinex 提供了多種加密貨幣的交易對和服務。 ● 該平台支援加密貨幣的存取、交易和借貸。
Aave	● Aave 是一個去中心化的借貸平台。 ● 提供多種加密貨幣的借貸和存款功能，並支援閃電貸款和利率交換等功能。

❖ 選擇加密貨幣交易所

選擇加密貨幣交易所時，以下是一些建議和注意事項：

判斷項目	說明
流動性	● 選擇具有良好流動性和深度的交易所，以確保順暢的交易體驗。 ● 例如：查看 coinmarketcap.com，上面有針對各家交易所交易量、流通性做出的排名，如圖 3-4 所示。
安全性	確保交易所具有適當的安全措施，例如：支援冷錢包、雙重驗證等。
支援的加密貨幣與功能	確保交易所支援我們有興趣的加密貨幣，以及如果要使用程式交易，選擇提供友善 API 的交易所。
手續費	考慮交易所的手續費結構，包括交易費、存取款費用及其他隱藏費用。

▲ 圖 3-4

技巧 28 【觀念】加密貨幣交易成本、風險介紹

本技巧將詳細介紹加密貨幣交易的成本結構，包括手續費、資金費用和其他可能的費用。首先，我們可在幣安的交易成本介紹網頁[1]上，發現到不同的交易商品以及投資人等級都會影響到我們的交易成本，如圖 3-5 所示。

手續費率

現貨及槓桿交易　槓桿借貸利息　U 本位合約交易　幣本位合約交易　期權交易　交易挖礦　C2C　NFT

VIP 級別　優惠費率

等級	最近 30 天交易量 (BUSD)	及/或	BNB 持倉量	Maker / Taker	Maker / Taker BNB 7.5折
普通用戶	< 1,000,000 BUSD	或	≥ 0 BNB	0.1000% / 0.1000%	0.0750% / 0.0750%
VIP 1	≥ 1,000,000 BUSD	及	≥ 25 BNB	0.0900% / 0.1000%	0.0675% / 0.0750%
VIP 2	≥ 5,000,000 BUSD	及	≥ 100 BNB	0.0800% / 0.1000%	0.0600% / 0.0750%
VIP 3 ☀	≥ 20,000,000 BUSD	及	≥ 250 BNB	0.0420% / 0.0600% 0.0700% / 0.1000%	0.0315% / 0.0450% 0.0525% / 0.0750%
VIP 4 ☀	≥ 100,000,000 BUSD	及	≥ 500 BNB	0.0420% / 0.0540% 0.0200% / 0.0400%	0.0315% / 0.0405% 0.0150% / 0.0300%

▲ 圖 3-5

加密貨幣交易的成本結構包括手續費、資金費用和其他可能的費用，以下將分別介紹：

交易成本	說明
手續費	加密貨幣交易所通常會收取交易手續費，這是你在進行買、賣交易時需要支付的費用。手續費的計算方式根據交易所的規定而有所不同，可以是固定費用或基於交易金額的比例費用。在制定交易策略時，需要考慮手續費對於報酬的影響，例如：幣安現貨普通用戶的手續費分為 Maker（限價單）、Taker（市價單），分別為 0.1000%、0.1000%，因此每次現貨買賣進出的成本為 0.2%。
資金費用	這項費用是對於永續合約等衍生品交易，資金費用是一個額外的成本。「資金費用」是交易所根據該合約的資金費率計算的，它代表了多頭和空頭之間的利率差。這個費用每隔一段時間（例如：每小時）從一方轉移到另一方，以確保永續合約的價格與標的資產的價格保持接近。投資者在進行永續合約交易時，需要留意資金費用的計算和支付，並考慮其對交易成本和持倉成本的影響，這部分在後面技巧中會詳細介紹。
其他可能的費用	除了手續費和資金費用外，還可能存在其他費用，例如：存提幣的轉換費用等，這些費用可能因交易所而不同，我們在選擇交易所時，需要了解和考慮這些費用的影響，再將資金做投入。

---

*1　幣安的交易成本介紹網頁：[URL] https://www.binance.com/zh-TC/fee/trading 。

技巧 29 【觀念】加密貨幣衍生商品介紹

本技巧介紹加密貨幣衍生商品，如永續合約（期貨）、選擇權和交換合約，這些衍生商品提供了投資者在加密貨幣市場上進行套利、避險和投機的工具，我們將解釋這些衍生商品的運作原理、交易方式。

❖ 期貨合約

通常交易所都會提供多種加密貨幣的期貨合約，包括比特幣（BTC）、以太坊（ETH）等加密貨幣的期貨合約，並且用戶可以選擇不同的合約類型，例如：永續合約（Perpetual Contracts）和固定到期日合約（Futures Contracts），以滿足不同的交易需求。

項目	說明
運作原理	● 期貨合約是一種買賣雙方同意在未來特定日期以特定價格交割加密貨幣的協議。 ● 投資者可以透過做多（買入）和做空（賣出）期貨合約來參與加密貨幣市場，從價格波動中獲取利潤。
交易方式	期貨合約可以在交易所進行交易，投資者可以透過開倉和平倉來進行交易操作。

❖ 選擇權

通常交易所都會提供特定加密貨幣的選擇權合約，包括比特幣（BTC）、以太坊（ETH）等加密貨幣的選擇權合約，並且提供多個時間到期的選擇權合約，其中又分為買、賣權。

項目	說明
運作原理	● 選擇權是一種買賣雙方同意在未來特定日期以特定價格買入或賣出加密貨幣的權利。 ● 投資者可以根據市場預期來買進或賣出選擇權，從價格波動中獲取利潤。
交易方式	選擇權可以在交易所進行交易，投資者可以透過買進或賣出選擇權契約來進行交易操作。

❖ 交換合約

加密貨幣中的交換合約允許用戶在不同的加密貨幣之間進行等值的資產交換。這包括同一種加密貨幣的不同版本（如比特幣和比特幣現金）或不同加密貨幣之間的轉換（如比特幣轉換為以太坊）。

項目	說明
運作原理	● 交換合約是兩個交易對手方同意在未來特定日期以特定條件交換加密貨幣的協議。 ● 交換合約可以根據不同的條件和需要進行設計，例如：利率交換、幣種交換等。
交易方式	交換合約通常在場外市場進行交易，投資者可以與其他交易對手方達成協議進行交易。

技巧 30 【觀念】永續合約概念介紹

在本技巧中，我們將探討永續合約的概念、運作方式，以及現貨交易和永續合約交易之間的差異。

「永續合約」算是加密貨幣的期貨衍生性商品，其雖然是期貨商品，但本身並沒有到期日的機制，而是透過資金費率來維持永續合約及加密貨幣現貨之間的關聯性。

與傳統期貨合約不同，永續合約沒有到期日期，可以持續交易。它們以加密貨幣作為標的資產，交易者可以進行長期或短期的交易，並利用價格波動進行投機或對沖。

❖ 永續合約的運作方式

永續合約通常使用資金費率機制來維持與現貨價格的接近。「資金費率」是交易者之間的資金交換，目的是將合約的價格維持在接近現貨價格的水平。當永續合約的價格偏離現貨價格，資金費率將根據差異自動調整，鼓勵交易者將合約價格推回接近現貨價格。

❖ 現貨與永續合約之間的差異

永續合約沒有到期日期，可以長期持有並持續進行交易，且永續合約可以做多、放空，永續合約現貨本身只能買進（做多）、賣出。

永續合約通常提供槓桿交易的選項，允許交易者放大槓桿進行交易，這使得交易者能夠在小幅價格變動時獲取更高的收益，但同時也增加了交易風險。

永續合約使用「資金費率」機制來維持合約價格與現貨價格的接近，這意味著交易者需要關注並理解資金費率的計算方式，避免支付不必要的交易成本。而且，由於資金費率和槓桿等因素，永續合約的價格會與現貨價格有所差異，並不會完全相等。

技巧31 【觀念】U本位及幣本位概念介紹

　　「U本位」和「幣本位」是兩種常見的加密貨幣定價概念，用於衡量和評估加密貨幣的價值。通常在交易加密貨幣衍生性商品時，會經常使用到U本位及幣本位的概念，以幣安為例，就有U本位衍生性商品、幣本位衍生性商品，如圖3-6所示。

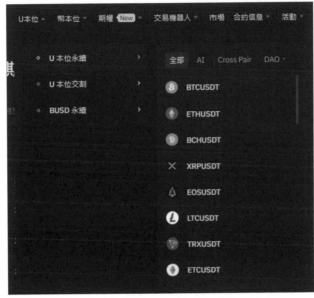

▲ 圖3-6

❖ U本位（USD本位）

　　由於美元是全世界主要貨幣之一，因此U本位是以美元（USD）作為基準來衡量和評估加密貨幣的價值，這意味著加密貨幣的價格和價值會以美元為單位進行計量和顯示。在U本位中，加密貨幣的價格會根據相對於美元的匯率波動來定義和表達。

　　例如：如果一個加密貨幣的價格是100美元，這表示一個單位的該加密貨幣等於100美元的價值，這樣的定價方法可以使交易者更容易理解和比較不同加密貨幣之間的價格。

❖ 幣本位（BTC本位）

　　由於比特幣是全世界中最主要的加密貨幣，因此幣本位是以比特幣（BTC）作為基準來衡量和評估其他加密貨幣的價值。在幣本位中，加密貨幣的價格和價值會以比特幣為單位進行計量和顯示。比特幣被視為加密貨幣市場的基準幣種。

例如：如果一個加密貨幣的價格是 0.01 BTC，這表示一個單位的該加密貨幣等於 0.01 比特幣的價值。幣本位的定價方法是將所有其他加密貨幣的價值與比特幣相對比，以便更好地理解其價格走勢和市場表現。

技巧 32 【觀念】何謂永續合約資金費率

永續合約的資金費率是一種費用機制，用於確保合約價格與標的資產價格保持接近。

「資金費率」是交易所的機制，經過每個利息間隔時間時，將資金從多頭轉移給空頭，或從空頭轉移給多頭，以保持合約的價格與加密貨幣現貨資產的價格保持接近。

❖ 資金費率計算概念

資金費率的計算方式可能因交易所而異，但通常包括兩個主要的組成部分。

組成部分	說明
資金費率基準利率	● 交易所會參考基準利率（如基礎利率或市場利率）來計算資金費率。 ● 這個基準利率通常與合約標的資產的利率相關。
資金費率的調整	● 資金費率的調整是根據多頭和空頭之間的利率差來計算的。 ● 如果多頭利率高於空頭利率，則多頭需要支付資金給空頭；如果空頭利率高於多頭利率，則空頭需要支付資金給多頭。這個調整確保了資金在多頭和空頭之間的平衡流動，以維持合約價格與標的資產價格的接近。 ● 如果合約市場價格高於實際現貨價格，多頭利率可能大於空頭利率，因此多頭支付資金給空頭，以平衡市場。 ● 如果合約市場價格低於實際現貨價格，空頭利率可能大於多頭利率，因此空頭支付資金給多頭，以平衡市場。

技巧 33 【觀念】槓桿的介紹

在加密貨幣交易中，「槓桿交易」是一種利用借款資金來放大投資部位的交易方式。而這種概念也可以直接使用在加密貨幣衍生性商品當中，當我們在交易加密貨幣永續合約時，可以直接設定槓桿倍數。

以幣安為例，可以在下單之前，直接設定槓桿倍數，如圖 3-7 所示。

▲ 圖 3-7

　　透過使用槓桿，交易者可以在其資金基礎上控制更大的頭寸，從而增加潛在的風險報酬。槓桿交易的運作原理是交易者向交易所借入資金，以增加其投資部位。這個借入的資金用於開立更大的保證金部位，超出了交易者自己的資金範圍，例如：如果你有100元美金，使用2倍槓桿，你可以控制200元美金的永續合約部位。

　　槓桿是個雙面刃，由於槓桿放大了投資部位，同樣地，也放大了潛在的損失。如果市場走勢不利於你的部位，槓桿交易可能導致更大的損失。若要進行槓桿交易的策略開發，必須在開發策略時，將資金控管納入規劃的一部分，不論長期報酬再好，若是一旦爆倉（資金歸零交易所強制出場），則無法在繼續留在投資市場交易，那再好的預期報酬率也是空談。

　　以下是一個案例，說明槓桿交易的資金控管。假設你想在比特幣市場上進行槓桿交易，你有5000美元的資金，並使用10倍槓桿，這意味著你可以控制50000美元的部位。如果比特幣的價格上升10%，你的利潤將相應增加10倍，即100%（獲利5000），但如果比特幣的價格下跌10%，你的損失也將相應增加10倍，即100%（虧損5000），在這種情況下，你可能損失你資金的全部。

技巧 34 【觀念】加密貨幣出入金介紹

加密貨幣的出入金有非常多種的方式，在本技巧中將會介紹筆者常使用的出入金方式。由於一般投資者可能沒有直接透過台幣購買加密貨幣的管道，因此筆者使用的方式是開設兩個加密貨幣交易所的帳號：

● 可以用台幣出入金的加密貨幣交易所，例如：幣托。
● 預計要進行交易的大型加密貨幣交易所，例如：幣安。

需要注意的是，每個交易所或平台的出入金流程可能會略有不同，且可能會有特定的限制、手續費和安全性措施。在進行出入金操作之前，請仔細閱讀和理解相關的交易所指南、使用條款和風險聲明。同時，確保選擇安全可靠的交易所，並採取必要的安全措施來保護你的資金和個人資訊。

技巧 35 【觀念】何謂量化交易

本技巧會介紹什麼是量化交易、基本原理和優勢，並說明一些常見的量化交易策略和工具，以及如何應用它們在加密貨幣市場上。

「量化交易」就是將進出場邏輯明確定義出來，並且透過程式去做歷史沙盤推演、自動化進行交易。「量化交易」是一種建立明確 SOP 和統計分析來執行投資交易策略的方法，它結合了金融市場的知識、資料分析的技術，旨在透過系統性和自動化的方式實現買賣各種金融商品。

❖ 量化交易的基本原理

項目	說明
數據收集	● 量化交易依賴於大量的歷史數據。 ● 交易者收集、整理和分析數據。
策略建構	● 透過歷史數據，發現市場產生的特定模式、趨勢或特徵，產生交易訊號，去建構一套交易策略（SOP）。 ● 這些策略可以基於價量、技術分析、基本面、籌碼面等指標開發。
策略自動化執行與監控	● 量化交易使用電腦程序自動執行交易動作，例如：進場、出場。 ● 交易者設定了特定的進出場規則和策略參數，並監控交易執行的結果。

❖ 量化交易的優勢

優勢	說明
客觀性	量化交易利用自動化的方式執行交易，消除了人類情感和主觀判斷的影響，使交易結果更符合客觀性。
快速執行	量化交易使用電腦程序執行交易，與人類相比，能夠更迅速捕捉市場的機會，並快速下單，以避免錯失機會或減少滑點。

技巧 36 【觀念】CTA 交易策略介紹

在本技巧中，將介紹 CTA（Commodity Trading Advisor，商品交易顧問）交易策略，CTA 是一種基於系統化和自動化方法的量化交易策略，專注於利用技術分析和市場趨勢來進行投資和交易，主要應用於期貨市場、外匯市場和其他金融市場，也可以在加密貨幣市場中應用。

CTA 策略的基本概念是基於市場趨勢會重複的概念，它假設市場中存在著某種特定的價格趨勢，並試圖抓取這些趨勢，以獲得報酬。

CTA 交易者使用技術指標和來辨認市場的趨勢方向和強度，並根據這些訊號進行交易，如圖 3-8 所示。常見的指標如 MA、RSI、MACD 或動能指標等，CTA 策略會根據指標的變化進行交易。

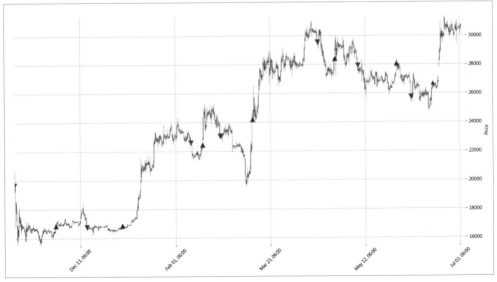

▲ 圖 3-8

由於加密貨幣市場的高波動性和全日可交易的特性，CTA 策略在這個市場中是可以被實現的，只是加密貨幣市場中的價格波動和趨勢變化可能更加劇烈和不穩定，需要更靈活的交易策略或風險控管。

04

歷史數據、技術分析與圖像化

本章介紹加密貨幣交易中的技術分析和圖像化工具，從介紹幣安的 Python 套件
到認識價格資料的 K 線圖，再到使用 Talib 套件進行支撐壓力、移動平均、布林
通道、相對強弱指標、波動率指標等計算和繪製。

技巧 37 【觀念】幣安的 Python 套件介紹

本書將會透過幣安的 API 來抓取加密貨幣的數據，進而進行資料分析、策略建構。

> 🚀 **說明** 讀者讀到這個章節時，還不需要去申請幣安的帳號，一直到實際需要下單委託時，幣安提供的歷史、即時資料的管道都不需要身分驗證。

幣安是目前全世界最大的加密貨幣交易所，並且它也提供一個功能齊全的 API，以便量化分析、程式交易開發者能夠進行自動化交易和資料分析。

幣安的 Python 套件「python-binance」是一個用於與幣安交易所進行互動的第三方 Python 套件，它提供了一個簡潔且易於使用的介面，方便開發者進行自動化交易和資料分析，如圖 4-1 所示，這是 python-binance 的 Github 網站[1]。

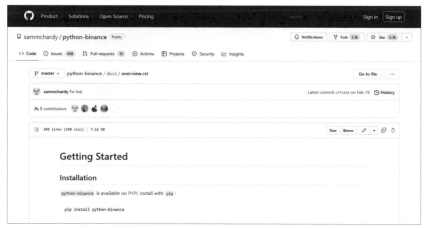

▲ 圖 4-1

讀者有興趣的話，可以去看 python-binance 套件的 API 架構，主要是將幣安提供的原始 API 功能透過更有架構的寫法，讓使用者更方便在 python-binance 套件上去延伸開發。

python-binance 提供各種方法和屬性，用於執行不同的操作，這些包括取得市場歷史資料（如商品資訊、K 線、深度等）、執行交易操作（如下單、取消訂單、查詢訂單等）、獲取帳務資料（如資金餘額、歷史交易明細等）以及設定其他參數（如 API 金鑰、請求超時等）。

---

[1] python-binance 套件的 Github 網站：URL https://github.com/sammchardy/python-binance/blob/master/docs/overview.rst。

python-binance 套件的架構簡單且直觀，讀者可以根據自己的需求使用這些功能，來開發自己的交易策略或資料分析工具，而本書中的程式碼範例並不會完全使用到 python-binance 套件內的所有功能。

我們先來說明如何在 Python 中安裝該套件：

|STEP| **01** 透過 pip 指令進行安裝（詳情可以參考第 1 章使用外掛套件）。

開啓 CMD，執行以下指令：

py - 版本 - 位元 -m pip install python-binance

|STEP| **02** 安裝完成後，在 Python 中載入套件，如果沒有出現錯誤訊息就代表安裝成功。

技巧 38 【觀念】認識價格資料（K線）

本技巧將介紹 K 線資料格式，以下分別依照 K 線格式及 K 線資料型態做介紹。

❖ K 線格式介紹

常見的金融歷史資料格式爲開高低收價（OHLC），也可以稱爲「K 線」。K 線是一段期間成交價量統計而成的，常見的 K 線圖如圖 4-2 所示。

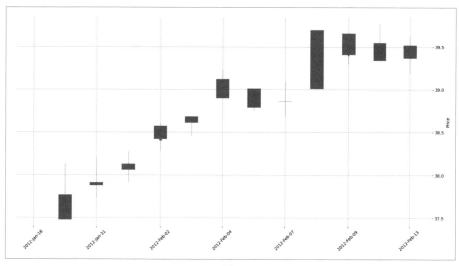

▲ 圖 4-2

K 線格式包括以下的構成要素：

構成要素	說明
開盤價（open）	一段期間的開盤價格。
最高價（high）	一段期間的最高價格。
最低價（low）	一段期間的最低價格。
收盤價（close）	一段期間的收盤價格。
成交量（volume）	一段期間的累計成交量。

在 K 線中，我們會透過類似蠟燭的圖形來表示「開盤價」、「最高價」、「最低價」、「收盤價」等四個資訊，我們可以想像一個直立的蠟燭，上下都有燭心，蠟燭本體的部分為開盤與收盤的範圍，而上面燭心的頂端是最高價，而下面燭心的頂端是最低價，如圖 4-3 所示。

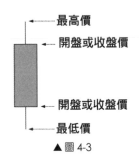

▲ 圖 4-3

如果收盤價高於開盤價，代表趨勢往上，會以紅色（我們用紅色表示上漲，而歐美相反，會以綠色表示安全）表示，這時開盤價就在下方，收盤價在上方；如果收盤價低於開盤價，代表趨勢往下，會以綠色（我們用綠色表示下跌，而歐美相反，會以紅色表示警告）表示，這時開盤價就在上方，收盤價在下方，如圖 4-4 所示。

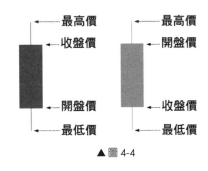

▲ 圖 4-4

另一種表現方式會以實心表示上漲（紅 K），空心表示下跌（綠 K），如圖 4-5 所示。

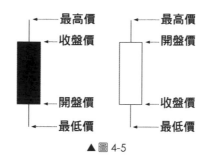

▲圖 4-5

❖ K 線格式範例

　　K 線格式可以用於進行多種金融數據，包含技術指標分析、趨勢分析、壓力支撐分析。以下是以 S&P500 日線為例的 K 線：

date	open	high	low	close	volume
2023/4/17	4137.17	4151.72	4123.18	4151.32	3.61E+09
2023/4/18	4164.26	4169.48	4140.36	4154.87	3.54E+09
2023/4/19	4139.33	4162.57	4134.49	4154.52	3.57E+09
2023/4/20	4130.48	4148.57	4114.57	4129.79	3.77E+09
2023/4/21	4132.14	4138.02	4113.86	4133.52	3.61E+09
2023/4/24	4132.07	4142.41	4117.77	4137.04	3.29E+09
2023/4/25	4126.43	4126.43	4071.38	4071.63	3.98E+09
2023/4/26	4087.78	4089.67	4049.35	4055.99	3.84E+09
2023/4/27	4075.29	4138.24	4075.29	4135.35	3.75E+09
2023/4/28	4129.63	4170.06	4127.18	4169.48	4.09E+09

　　以上的 K 線示例顯示了一個證券商品從 2023 年 4 月 17 日到 4 月 28 日的價格變化，並且可以從 K 線得知每天大致上的價格變化，上面表格的 K 線資料繪製出來的圖片，如圖 4-6 所示。

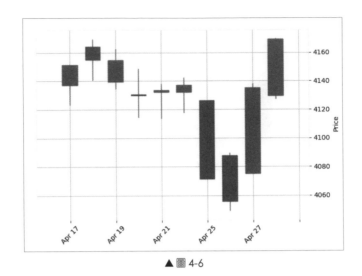

▲ 圖 4-6

技巧 39 【實作】取得永續合約歷史數據

本技巧將介紹如何透過幣安的第三方套件 python-binance 來取得幣安的永續合約歷史資料，取得歷史資料以後，就可以對歷史資料去做後續的資料分析了。

接著介紹取得歷史資料的函數應用，首先透過範例介紹取得歷史資料的程式碼：

```
# 載入套件
from binance.client import Client
# 實例化 Client 物件（該功能只需要帶入空的 API 金鑰即可）
client = Client("", "")
# 取得 K 線資料
klines = client.futures_historical_klines(
    symbol='BTCBUSD',
    interval='6h',
    start_str='1 Jan 1970 12:00:00'
)
```

從範例程式碼可以看到 binance.client 模組底下有 Client 物件，實例化 Client 物件後，就可以宣告該物件內的功能了。在本技巧中，我們使用的是 futures_historical_klines 函數，也就是取得加密貨幣的期貨歷史資料，該函數的參數如下：

參數	說明
symbol	代表要查詢的加密貨幣交易對,例如:BTCUSDT、BTCBUSD。
interval	代表 K 線的時間間隔,所有時間格式:1m、3m、5m、15m、30m、1h、2h、4h、6h、8h、12h、1d、3d、1w、1M,例如:h 代表小時,d 代表天,w 代表星期,M 代表月。
start_time	代表起始時間,使用字符串表示,例如:1 Jan 1970 12:00:00。

取得變數 klines 的內容如下:

```
>>> klines[:3]
[[1610431200000,
 '36060.5',
 '36615.1',
 '34790.7',
 '35369.2',
 '165.334',
 1610452799999,
 '5907762.7568',
 1657,
 '87.289',
 '3115801.1986',
 '0'], …
```

而幣安的 python-binance 歷史資料回傳則是透過 list 型態回傳,我們可以再將回傳的物件轉換成 pandas 的 dataframe,方便後續的資料分析操作,回傳的欄位如下:

回傳欄位	說明
open_time	K 線開盤時間。
open	開盤價格。
high	最高價格。
low	最低價格。
close	收盤價格。
volume	交易量。
close_time	K 線收盤時間。
nuote_asset_volume	商品交易量。
number_of_trades	成交次數。
taker_buy_base_asset_volume	吃單方的基礎資產成交量。
taker_buy_quote_asset_volume	吃單方的報價資產成交量。
ignore	忽略欄位。

taker_buy_base_asset_volume 代表買方吃單的基礎資產（base asset）的交易量。「基礎資產」通常是指交易對中的前面的貨幣，例如：對於 BTCBUSD，基礎資產就是 BTC。

taker_buy_quote_asset_volume 代表買方吃單的報價資產（quote asset）的交易量。「報價資產」通常是指交易對中的後面的貨幣，例如：對於 BTCBUSD，報價資產就是 BUSD。

> 🚀 **說明** 「吃單方」代表透過市價單成交的一方，如果買方透過市價單購買 100 美元的 BTCBUSD，則 taker_buy_base_asset_volume 欄位上則會多出 100 美元的額度。

接著，筆者將取得歷史資料寫成函數，最主要的用意是希望透過執行該函數，可以取得至當前最新的歷史資料，範例程式碼如下：

▌檔名：historical_data.py

```python
import os
import pandas as pd
from datetime import datetime
from binance.client import Client


def get_klines_df(symbol, interval):
    # create the Binance client, no need for api key
    client = Client("", "")

    # generate data folder
    if not os.path.exists("Data"):
        os.mkdir("Data")
    # check file exist
    file_name = f"Data//{symbol}_{interval}.csv"
    if os.path.exists(file_name):
        # read old file
        file_data = pd.read_csv(file_name)
        # file_data = file_data.astype("float")
        old_ts = file_data.iloc[-1][0]
        old_time_str = datetime.fromtimestamp(old_ts / 1000).strftime(
            "%d %b %Y %H:%M:%S"
        )
        # get new data
        new_data = client.futures_historical_klines(
```

```
        symbol, interval, old_time_str)
    now_data_df = pd.DataFrame(new_data)
    now_data_df.columns = [str(i) for i in now_data_df.columns]
    # combind data
    if now_data_df.shape[0] > 0:
        dataframe_data_new = pd.concat([file_data, now_data_df], axis=0)
        dataframe_data_new = dataframe_data_new[
            ~dataframe_data_new["0"].duplicated(keep="last")
        ]
    else:
        dataframe_data_new = file_data.copy()
else:
    # get new data
    start_str = datetime.strptime(
        "2020-01-01 00:00:00", "%Y-%m-%d %H:%M:%S"
    ).strftime("%d %b %Y %H:%M:%S")
    tmp_data = client.futures_historical_klines(
        symbol, interval, start_str)
    dataframe_data_new = pd.DataFrame(tmp_data)
dataframe_data_new.to_csv(file_name, index=False)
# columns naming
dataframe_data_new.columns = [
    "open_time",
    "open",
    "high",
    "low",
    "close",
    "volume",
    "close_time",
    "quote_asset_volume",
    "number_of_trades",
    "taker_buy_base_asset_volume",
    "taker_buy_quote_asset_volume",
    "ignore",
]
# set index by datetime
dataframe_data_new["datetime"] = pd.to_datetime(
    dataframe_data_new["open_time"] * 1000000, unit="ns"
)
dataframe_data_new.set_index("datetime", inplace=True)
dataframe_data_new = dataframe_data_new.astype("float")
return dataframe_data_new
```

我們透過範例檔去取用該函數，該函數只需要輸入兩個參數，即可取得歷史資料：

參數	說明
symbol	代表要查詢的加密貨幣交易對，例如：BTCUSDT、BTCBUSD。
interval	代表 K 線的時間間隔，所有時間格式：1m、3m、5m、15m、30m、1h、2h、4h、6h、8h、12h、1d、3d、1w、1M，例如：h 代表小時，d 代表天，w 代表星期，M 代表月。

▌ 檔名：4-1_ 取得永續合約歷史數據 .py

```
from historical_data import get_klines_df
import pandas as pd

# 取得歷史資料
symbol = "BTCBUSD"
interval = "6h"
klines = get_klines_df(symbol, interval)
```

執行該範例檔後，klines 變數結果如下：

```
>>> klines
                      open_time  ...  ignore
datetime                         ...
2021-01-12 06:00:00  1.610431e+12  ...     0.0
2021-01-12 12:00:00  1.610453e+12  ...     0.0
2021-01-12 18:00:00  1.610474e+12  ...     0.0
2021-01-13 00:00:00  1.610496e+12  ...     0.0
2021-01-13 06:00:00  1.610518e+12  ...     0.0

            ...     ...       ...
2023-07-02 00:00:00  1.688256e+12  ...     0.0
2023-07-02 06:00:00  1.688278e+12  ...     0.0
2023-07-02 12:00:00  1.688299e+12  ...     0.0
2023-07-02 18:00:00  1.688321e+12  ...     0.0
2023-07-03 00:00:00  1.688342e+12  ...     0.0

[3604 rows x 12 columns]
```

筆者已經將資料型態轉換為 pandas 的 dataframe 了，因此接下來的操作都會圍繞在 pandas 的 dataframe 的應用。

技巧40 【實作】繪製價格折線圖

　　本技巧將介紹如何繪製價格折線圖，繪製價格折線圖可以直接透過 pandas 的 dataframe 中的 plot 方法即可，不需要再額外載入其他套件，範例程式碼如下：

▍檔名：4-2_ 繪製價格折線圖 .py

```
from historical_data import get_klines_df
import pandas as pd

# 取得歷史資料
symbol = "BTCBUSD"
interval = "6h"
klines = get_klines_df(symbol, interval)

# 繪製價格折線圖
data = klines.copy()
data['close'].plot()
```

　　執行結果如圖 4-7 所示，這是 BTCBUSD 這個交易對每 6 小時的收盤價走勢圖，讀者可以自行修改為其他交易對、K 線頻率。

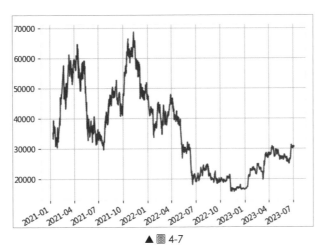

▲圖 4-7

技巧41 【實作】繪製 K 線圖

本書將會透過 mplfinance 套件來介紹金融圖表的繪製，選擇 mplfinance 套件的原因，是因為該套件繪製 K 線圖相當簡單。

mplfinance 套件由常見的 matplotlib 套件所衍生而來，是專門為了呈現金融圖形的套件，例如：開高低收、蠟燭圖等。

❖ 安裝繪圖套件

安裝套件的詳細介紹可參考第 1 章中的技巧 15，安裝該套件的指令如下：

py - 版本 - 位元 -m pip install --upgrade mplfinance

mplfinance 套件必須相依「matplotlib」、「pandas」兩個套件，而這兩個關聯套件在安裝 mplfinance 時，就會依序被安裝了。

安裝指令執行結束後，看到「Successfully installed mplfinance-（當前版本號）」的訊息就代表成功安裝，接著進入 Python 命令列並執行「import mplfinance」，若沒有出現錯誤訊息，就代表安裝及使用上都沒問題，操作畫面如下：

```
>>> import mplfinance
>>>
```

❖ 繪圖基本介紹

接著介紹如何繪製 K 線，將 K 線資料帶入線圖中，我們需要先了解 mplfinance 套件所需要帶入的資料型態，該資料型態與 yfinance 套件所取得的資料格式相同，是 pandas 的 dataframe。

若讀者還不了解 pandas 套件，可以閱讀第 1 章的技巧。繪圖之前，讀者必須先詳閱取得證券公開資訊的技巧，我們將使用 getDataYF、getDataFM 函數來進行操作。我們進行繪圖操作的步驟依序如下：

|STEP| *01* 載入必要模組。

```
>>> from historical_data import get_klines_df
>>> import pandas as pd
>>> import mplfinance as mpf
```

|STEP| **02** 取得需要繪圖的資料。

```
>>> # 取得歷史資料
>>> symbol = "BTCBUSD"
>>> interval = "6h"
>>> klines = get_klines_df(symbol, interval)
```

|STEP| **03** 開始繪圖。

透過 mplfinance 套件的 plot 函數去執行圖形繪製，預設的繪製方式是 ohlc 圖。

```
>>> mpf.plot(data)
```

執行後，圖片顯示如圖 4-8 所示。

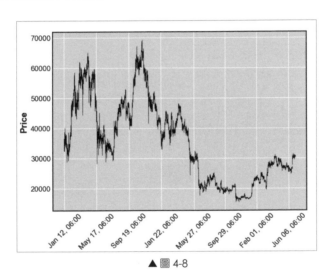

▲ 圖 4-8

|STEP| **04** 繪製蠟燭圖。

新增一個 type 參數，並指定為「candle」，來繪製蠟燭圖。

```
>>> mpf.plot(data,type='candle')
```

執行後，圖片顯示如圖 4-9 所示，放大後如圖 4-10 所示。

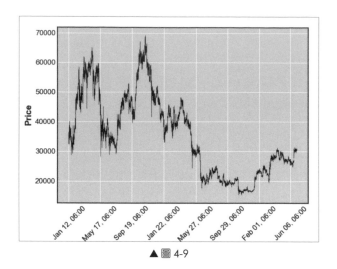

▲圖 4-9

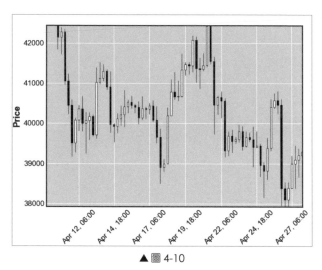

▲圖 4-10

|STEP| **05** 選擇適合的樣式。

新增一個 style 參數，並指定為特定的樣式，樣式種類有 classic、charles、mike、blueskies、starsandstripes、brasil、yahoo，由於筆者喜好「charles」style，所以選用它來進行範例介紹。

```
>>> mpf.plot(data,type='candle',style='yahoo')
```

執行後，圖片顯示如圖 4-11 所示。

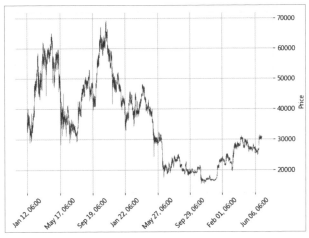

▲ 圖 4-11

|STEP| **06** 將特定樣式變為基底,再進行喜好調整。

我們可以發現「yahoo」style 是屬於歐美的 K 線畫法的「漲綠跌紅」,要將它改爲亞洲畫法的「漲紅跌綠」的話,可以透過 make_marketcolors、make_mpf_style 這兩個函數來自訂 K 線的樣式,操作如下:

```
>>> mcolor=mpf.make_marketcolors(up='r', down='g', inherit=True)
>>> mstyle=mpf.make_mpf_style(base_mpf_style='yahoo', marketcolors=mcolor)
>>> mpf.plot(data,style=mstyle,type='candle')
```

執行後,圖片顯示如圖 4-12 所示。

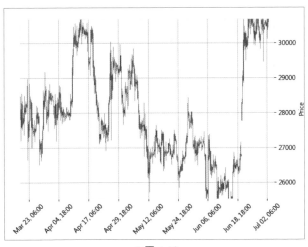

▲ 圖 4-12

|STEP| **07** 選擇是否要顯示成交量。

新增一個參數 volume 值為 True，即顯示成交量。

```
>>> mpf.plot(data,style=mstyle,type='candle',volume=True)
```

執行後，圖片顯示如圖 4-13 所示。

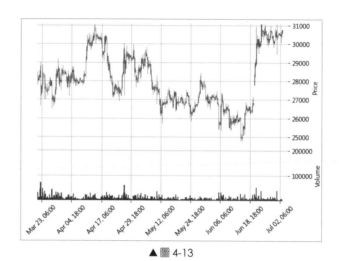

▲圖 4-13

了解如何繪製 K 線圖表後，我們就可以開始觀察該檔金融商品的走勢了。

技巧42 【觀念】技術分析的介紹

「技術分析」理論是從 K 線理論延伸而來，透過開高低收四個價位來進行不同公式的運算，算出不同的技術分析指標後，就可以與 K 線指標搭配進行判斷。

從統計學的角度上來看，「技術分析」就是「分類」金融市場走勢的方法。舉例來說，均線之上買進、均線之下賣出，背後的原因就是認為目前價格均線之上的金融商品漲幅會比均線之下的漲幅還要更好，如圖 4-14 所示。

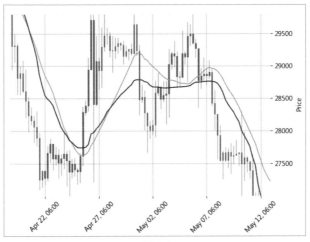

▲圖 4-14

　　知道技術分析的本質後，以量化分析的角度，把「市場的動向」進行分類，就可以抓到某些特徵的市場走勢裡面蘊含較佳的上漲機會、期望值。

　　再透過我們所尋找到的特徵去進行策略的開發，舉例來說，我們找到某些技術指標集合，當條件具備時，確保未來走勢是容易上漲的，那我們就買入持有，在特徵消失時，我們賣出現有部位。

技巧43　【觀念】技術分析套件介紹

　　提到技術分析，就必須要知道技術分析所使用的工具包，如果我們將技術分析從頭開發到尾，那勢必是非常耗時的，技術分析已經行之有年，我們要善用工具，而在 Python 內有許多技術分析的套件。

　　本書中所採用的套件是 Talib 套件，Talib 是一款技術分析的套件包，裡面有高達 150 多種技術分析功能函數，共可分為十大項目如下：

● 重疊研究（Overlap Studies）。

● 動量指標（Momentum Indicators）。

● 量能指標（Volume Indicators）。

● 波動率指標（Volatility Indicators）。

● 價格轉換（Price Transform）。

- 週期指標（Cycle Indicators）。
- 模式識別（Pattern Recognition）。
- 統計函數（Statistic Functions）。
- 數值轉換（Math Transform）。
- 數值運算（Math Operators）。

其中，移動平均線被歸類在「重疊研究」當中，某些需要累計成交量的指標被歸類在「量能指標」當中，有興趣的讀者可以到 Talib 的介紹網頁[2]中去查看所有的函數功能，如圖 4-15 所示。

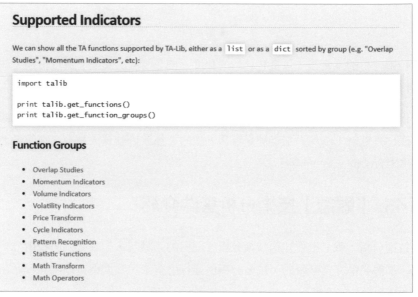

▲ 圖 4-15

由於篇幅的關係，本書僅會介紹幾個常見的指標。

技巧 44 【實作】Talib 套件安裝

本技巧將介紹如何去安裝 Talib 函數，由於 Talib 套件並沒有公布在 Python 的官方套件庫中，所以我們必須去非官方套件中才有辦法執行安裝步驟，相較於一般套件安裝較為繁瑣，接下來依照下列步驟來進行安裝。

*2　Talib 的介紹網頁：URL https://ta-lib.github.io/ta-lib-python/。

|STEP| **01** 先至 CMD 確認環境下的 Python 的版本號及位元。

指令如下：

py -0

操作如下：

```
C:\Users\User>py -0
Installed Pythons found by py Launcher for Windows
 -3.10-64 *
```

|STEP| **02** 至 Python 非官方的套件庫[*3]下載 Talib，也可以在 Google 搜尋「python unofficial library」，該網站畫面如圖 4-16 所示。

Archived: Unofficial Windows Binaries for Python Extension Packages

by Christoph Gohlke. Updated on 26 June 2022 at 07:27 UTC.

This page provides 32 and 64-bit Windows binaries of many scientific open-source extension packages for the official CPython distribution of the Python programming language. A few binaries are available for the PyPy distribution.

The files are unofficial (meaning: informal, unrecognized, personal, unsupported, no warranty, no liability, provided "as is") and made available for testing and evaluation purposes.

Most binaries are built from source code found on PyPI or in the projects public revision control systems. Source code changes, if any, have been submitted to the project maintainers or are included in the packages.

Refer to the documentation of the individual packages for license restrictions and dependencies.

If downloads fail, reload this page, enable JavaScript, disable download managers, disable proxies, clear cache, use Firefox, reduce number and frequency of downloads. Please only download files manually as needed.

Use pip version 19.2 or newer to install the downloaded .whl files. This page is not a pip package index.

Many binaries depend on numpy+mkl and the current Microsoft Visual C++ Redistributable for Visual Studio 2015-2022 for Python 3, or the Microsoft Visual C++ 2008 Redistributable Package x64, x86, and SP1 for Python 2.7.

Install numpy+mkl before other packages that depend on it.

The binaries are compatible with the most recent official CPython distributions on Windows >=6.0. Chances are they do not work with custom Python distributions included with Blender, Maya, ArcGIS, OSGeo4W, ABAQUS, Cygwin, Pythonxy, Canopy, EPD, Anaconda, WinPython etc. Many binaries are not compatible with Windows XP, Windows 7, Windows 8, or Wine.

The packages are ZIP or 7z files, which allows for manual or scripted installation or repackaging of the content.

The files are provided "as is" without warranty or support of any kind. The entire risk as to the quality and performance is with you.

Index by date: numpy numexpr triangle astropy jsonobject intbitset annoy ahds aggdraw hmmlearn hddm hdbscan glumpy pyfltk numpy-quaternion boost-histogram openexr naturalneighbor mahotas heatmap pycares xxhash fiona fpzip fasttext fastcluster scimath chaco traits enable python-lzo pyjnius pyicu pycifrw bsdiff4 pywinhook netcdf4 gdal pycuda sqlalchemy glfw glymur pystackreg pycryptosat bintrees biopython noise fastremap boost.python cupy xgboost igraph immunit orjson maturin thinc preshed cymem spacy guiqwt nlopt dulwich jupyter cx_freeze dtaidistance hyperspy pyzmq mod_wsgi kiwisolver pyopencl mercurial peewee atom enaml pandas numcodecs param babel orange pyqwt-open-source pygresql openpiv cx_logging coverage scikit-image lfdfiles pymatgen ujson reportlab msgpack regex apsw bcolz fabio autobahn pytables lxml freetypepy pytomlpp vispy numba llvmlite wrf_python multiprocess pygit2 yt psygnal fast-histogram h5py imread typed_ast lz4 blis jpype yappi edt statsmodels cython pydantic scikit-learn scipy python-lzf pillow numpy-stl shapely discretize ruamel.yaml simplejson basemap gvar lief protobuf murmurhash leidenalg pyhdf gensim wrapt cf-units udunits bitarray cobra fonttools opencv mkl-service mkl_random mkl_fft curses pyasn rasterio btrees wordcloud fastrlock rtmidi-python sounddevice pyaudio indexed_gzip setproctitle pyturbojpeg pycurl pycosat blosc zopflipy brotli bitshuffle zfpy zstd cramjam twisted fastparquet python-snappy cytoolz pytoolz pyopengl frozenlist yarl multidict aiohttp icsdll python-ldap cftime psycopg pyproj rtree pygame videocapture vidsrc chebyfit akima transformations psf pywavelets pyrsistent pywinpty markupsafe psutil tornado bottleneck zope.interface greenlet pywin32 pyyaml carocffi pycairo mplcairo cffi imagecodecs matplotlib tiffile jcc partseg pymongo zodbpickle qutip pyamg pillow-avif-plugin pylibczrw sfepy swiglpk pylibjpeg qdldl debugpy thrift kwant line_profiler finkr mistune opentsne ets rofile cxxpy cvxopt persistent moderngl dipy iris kivy cmarkgfm tinybrain minerec sci texture2ddecoder zfec aicspylibczi rapidjson lightgbm finkr pygraphviz psdtags lightning recordclass cgohlke netpbmfile oiffile sdtfile cmapfile fcsfiles

▲ 圖 4-16

|STEP| **03** 搜尋「TA-Lib」字串（瀏覽器可以透過 Ctrl + F 鍵來搜尋），畫面如圖 4-17 所示，找到載點後，接著找到對應自己主機 Python 版本的安裝檔（.whl）進行下載，假設 Python 的版本為 3.10 版 64 位元，就下載 cp310 的版本，完整檔名為「TA_Lib-0.4.24-cp310-cp310-win_amd64.whl」。

＊3 Python 非官方的套件庫：[URL] https://www.lfd.uci.edu/~gohlke/pythonlibs。

TA-Lib: a wrapper for the **TA**-LIB Technical Analysis Library.

TA_Lib-0.4.24-pp38-pypy38_pp73-win_amd64.whl
TA_Lib-0.4.24-cp310-cp310-win_amd64.whl
TA_Lib-0.4.24-cp310-cp310-win32.whl
TA_Lib-0.4.24-cp39-cp39-win_amd64.whl
TA_Lib-0.4.24-cp39-cp39-win32.whl
TA_Lib-0.4.24-cp38-cp38-win_amd64.whl
TA_Lib-0.4.24-cp38-cp38-win32.whl
TA_Lib-0.4.24-cp37-cp37m-win_amd64.whl
TA_Lib-0.4.24-cp37-cp37m-win32.whl
TA_Lib-0.4.19-cp36-cp36m-win_amd64.whl
TA_Lib-0.4.19-cp36-cp36m-win32.whl
TA_Lib-0.4.17-cp35-cp35m-win_amd64.whl
TA_Lib-0.4.17-cp35-cp35m-win32.whl
TA_Lib-0.4.17-cp34-cp34m-win_amd64.whl
TA_Lib-0.4.17-cp34-cp34m-win32.whl
TA_Lib-0.4.17-cp27-cp27m-win_amd64.whl
TA_Lib-0.4.17-cp27-cp27m-win32.whl

▲圖 4-17

|STEP| **04** 下載完成後，開啟 CMD 並切換到瀏覽器下載的目錄（預設是在 Downloads 目錄，如果有修改下載目錄的讀者，記得自行切換到該目錄）。

切換指令如下：

cd Downloads

如果下載檔案在不同磁碟分割區，可透過下列指令切換分割區，例如：要切換到 D 槽，指令如下：

D:

|STEP| **05** 進行安裝套件，筆者的電腦是 Python3.10 64 位元版本，若有安裝多個 Python 版本，可以透過「py - 版號 - 位元 -m pip install」指令去指定 Python 版本安裝。

安裝指令如下：

py -3.10-64 -m pip install TA_Lib-0.4.24-cp310-cp310-win_amd64.whl

操作過程如下：

```
C:\Users\User\Downloads>py -3.10-64 -m pip install TA_Lib-0.4.24-cp310-cp310-win_amd64.whl
Processing c:\users\user\downloads\ta_lib-0.4.24-cp310-cp310-win_amd64.whl
Requirement already satisfied: numpy in c:\users\user\appdata\local\programs\python\
python310\lib\site-packages (from TA-Lib==0.4.24) (1.22.3)
```

```
Installing collected packages: TA-Lib
Successfully installed TA-Lib-0.4.24
```

若發生錯誤，常見原因有以下幾種：

- 安裝時，路徑下並沒有 whl 檔，必須確保安裝路徑底下有那個套件安裝檔。
- 套件安裝檔的 Python 版本與位元不符，可以透過「py -0」檢視自己的當前版本及位元。

|STEP| **06** 安裝完成後，進入 Python 命令列中輸入「import talib」，若沒有跳出錯誤訊息，則代表安裝成功。

操作如下：

```
>>> import talib
>>>
```

技巧 45 【實作】Talib 套件基本操作

在使用 Talib 套件之前，我們需要先了解該套件的架構，以避免在使用上發生錯誤。Talib 的架構主要分為兩種使用方法：

- Function API（函數 API）：Function 用法。
- Abstract API（抽象 API）：Class 用法。

這兩種 API 的差異，就整體來說，Function API 提供每一種指標的功能函數，有特定的輸入值（input）及輸出值（output），偏向一次性的取用函數；而 Abstract API 是 Talib 進階的用法，它是將每個「指標」定義為一個「Class」，並且每個 Class 所需要的 init 值（初始屬性）相同，而 Talib 的 Abstract API 所需要的 init 屬性，就是一個 OHLC 的 pandas. dataframe 物件，也就是 yfinance 回傳的 K 線資料。

❖ Function API 與 Abstract API 兩者差異

關於 Function API 與 Abstract API 兩者差異，首先介紹載入時的差異，範例程式碼如下：

```
# 載入 Function API
from talib import SMA as func_sma

# 載入 Abstract API
from talib.abstract import SMA as abs_sma
```

Python 執行結果如下：

```
>>> from talib import SMA as func_sma
>>> from talib.abstract import SMA as abs_sma
>>> func_sma ─────────────────────────  宣告後明確發現這是 function
<function SMA at 0x000001EF4FCD28C0>
>>> abs_sma ──────────────────────────  宣告後明確發現這是 class
{'name': 'SMA', 'group': 'Overlap Studies', 'display_name': 'Simple Moving Average', 'function_
flags': ['Output scale sa
me as input'], 'input_names': OrderedDict([('price', 'close')]), 'parameters': OrderedDict([(
'timeperiod', 30)]), 'outpu
t_flags': OrderedDict([('real', ['Line'])]), 'output_names': ['real']}
```

透過操作可以發現到 Abstract API 的物件宣告後，它會顯示相關的屬性，屬性介紹如下：

屬性	說明
name	名稱、代號。
group	群組。
display_name	全稱、全名。
function_flags	功能標籤。
input_names	輸入值名稱。
parameters	參數。
output_flags	輸出標籤。
output_names	輸出名稱。

兩種 API 在用法上也會有差異，Function API 只接受需要的參數陣列，而 Abstract API 則可以接受參數陣列及 dataframe，由於 Abstract API 的用法接受度較廣，所以本書後面的操作會採用 Abstract API 來做介紹。

❖ Talib 套件所需的資料格式

Talib 所需要的 K 線格式是 dataframe 的格式，必要的欄位有 open、high、low、close、volume 這五種。這裡需注意到幾個重點：

- Talib 中的 Key 皆為小寫，不得大小寫混雜。
- OHLC 值必須使用 float，不得使用 int，否則計算上會有錯誤。

到這裡，應該有些讀者已經注意到了，yfinance 取出來的資料欄位名稱的頭一個字母都是大寫，我們必須將這些欄位轉換爲全部小寫，才有辦法使用。以下介紹 yfinance 取得的資料如何套進 Talib 當中，範例程式碼如下：

```python
from historical_data import get_klines_df
import pandas as pd
from talib.abstract import SMA, EMA, WMA, KAMA

# 取得歷史資料
symbol = "BTCBUSD"
interval = "6h"
klines = get_klines_df(symbol, interval)

# 繪製K線圖
data = klines.copy()
SMA(data, timeperiod=20)
```

執行結果如下：

```
>>> SMA(data, timeperiod=20)
datetime
2021-01-12 06:00:00          NaN
2021-01-12 12:00:00          NaN
2021-01-12 18:00:00          NaN
2021-01-13 00:00:00          NaN
2021-01-13 06:00:00          NaN

2023-07-02 00:00:00     30426.300
2023-07-02 06:00:00     30449.505
2023-07-02 12:00:00     30458.570
2023-07-02 18:00:00     30473.665
2023-07-03 00:00:00     30475.595
Length: 3604, dtype: float64
>>>
```

技巧46 【實作】支撐壓力介紹與計算

本技巧將介紹支撐壓力的概念與計算，歷史上有一些很經典的趨勢突破策略，「海龜策略」也是其中一種。「海龜策略」是由一群不懂交易的玩家，透過培養特定的金融操作手法來操作金融商品，由於不懂金融市場的來龍去脈，只了解在特定的情況下進行進出場操作，沒有太多雜亂的想法，而最後的交易績效卻超越熟悉金融領域的經理人。

「趨勢突破策略」這個交易策略的原理，是指價格會呈現趨勢性的發展，有可能是向上發展、向下發展、橫盤發展，利用這個原理，我們就可以去發展策略。使用趨勢性的交易策略，最簡單的方式就是設定支撐及壓力，當突破後就代表趨勢發生，如圖 4-18 所示。

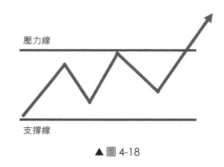

▲ 圖 4-18

而壓力與支撐要如何設定呢？有非常多設定的方式，例如：

- 前 N 根 K 線的最高、最低收盤價。

- 前 N 根 K 線的最高、最低價。

- 前 N 日的最高價、最低價。

以上幾個簡單的案例也可以透過變形，例如：我們拿最高、最低的均價，或是透過爆量的位置設定為壓力或支撐，也可以透過前 N 天的 K 線高低點範圍去設定壓力、支撐線。

不論有任何方法，我們都可以拿來作為量化的支撐或壓力的基準，最重要的是我們從歷史走勢中觀察到哪些東西，並用我們所觀察到的去進行指標建構。

接著，我們透過範例來查看如何建構簡易的壓力與支撐。本範例是透過前 60 根 K 線的最高點、最低點來當作壓力與支撐，範例程式碼如下：

▌檔名：4-4_計算支撐壓力 .py

```
from historical_data import get_klines_df
import pandas as pd

# 取得歷史資料
symbol = "BTCBUSD"
interval = "6h"
klines = get_klines_df(symbol, interval)
```

```
# 繪製K線圖
data = klines.copy()
data['floor'] = data.rolling(60)['low'].min().shift(1)
data['ceil'] = data.rolling(60)['high'].max().shift(1)
```

技巧47 【實作】繪製K線與支撐壓力圖

本技巧是要將突破策略的支撐及壓力量化，並繪圖出來，通常建構策略時，會搭配線圖觀察去衍生策略。

由於本書中我們都是以做多為主，所以這裡我們會定義壓力線，讀者也可以自己試試將支撐及壓力都繪製出來。

我們來了解一下如何定義壓力線，這裡的定義方式是透過前N根K線的最高點去作為壓力值，如圖4-19所示。

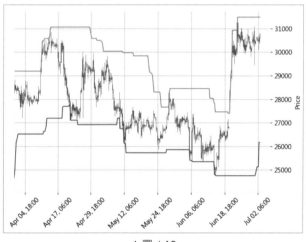

▲圖 4-19

可以看到圖4-19的直線，是依循「前60根K線的最高點」為基準，這裡要注意到的是「前60根K」並不包含當前的K線。

而如何透過Python計算N根K線的值呢？dataframe有一個rolling函數也是滾動處理的方法，可以滾動處理N筆資料，並做平均數、最大值、最小值等數值運算，我們會透過這樣的方式去計算N根K線的最大值，再將資料往後平移（shift）一單位，就會與下一筆資料對齊，便可以將「這根K線」與「前N根K線的結果」對齊了。

我們來介紹一下繪製 K 線圖與壓力線的程式碼，程式碼如下：

▌檔名：4-5_ 繪製支撐壓力圖 .py

```
from historical_data import get_klines_df
import pandas as pd

# 取得歷史資料
symbol = "BTCBUSD"
interval = "6h"
klines = get_klines_df(symbol, interval)

# 繪製 K 線圖
data = klines.copy()
data['floor'] = data.rolling(60)['low'].min().shift(1)
data['ceil'] = data.rolling(60)['high'].max().shift(1)

addp = []
addp.append(mpf.make_addplot(data['floor']))
addp.append(mpf.make_addplot(data['ceil']))

mcolor = mpf.make_marketcolors(up='r', down='g', inherit=True)
mstyle = mpf.make_mpf_style(base_mpf_style='yahoo', marketcolors=mcolor)
mpf.plot(data, style=mstyle, addplot=addp, type='candle')
```

範例程式碼的執行結果，如圖 4-20 所示。

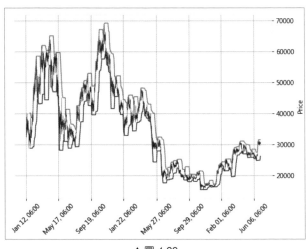

▲ 圖 4-20

技巧 48 【實作】移動平均介紹與計算

「移動平均線」的英文名為「Moving Average」，英文簡寫為「MA」，是將一段期間的價格進行平均計算，由於金融資料是時間序列的資料，所以隨著時間的推移，會有不同的移動平均值，因此該指標稱為「移動平均線」。

我們在講移動平均線時，通常會先講週期，再講 MA。舉例來說，如果由 10 根 K 線所計算出來的平均價，我們稱為「10MA」；以日 K 來說，通常一個月交易日有 20 天（扣除假日）左右，所以我們如果要算月均線，就使用 20MA，而如果要算季均線，就使用 60MA。

移動平均線（MA）區分為多種類性，常見的有 SMA、EMA、WMA，Talib 裡面也有高達八種均線的算法。最常見到的是 SMA，全名為「Simple Moving Average」，中文為「簡單移動平均」，也就是透過所有時間單位的收盤價進行平均；EMA 全名為「Exponential Moving Average」，意思為「指數移動平均」，與 SMA 的規則不同在於，EMA 認為時間較近的值相對於時間較遠的值更為重要，所以給予較重的指數權值。相比起來，若漲幅較大的商品，EMA 指數反應較快，但對於比較震盪的交易商品而言，也有可能因為反應過度靈敏，導致均線頻繁交錯，無法辨識當前價格趨勢。

接著，我們進行移動平均線的計算，本技巧將透過 talib.abstract 底下的 class 來計算技術指標。talib.abstract.MA 的參數如下：

參數	說明
timeperiod	MA 的週期。
matype	MA 計算方式，預設 SMA，分為八種（0=SMA, 1=EMA, 2=WMA, 3=DEMA, 4=TEMA, 5=TRIMA, 6=KAMA, 7=MAMA, 8=T3）

talib.abstract.MA 的回傳值只有一個，就是 MA。

了解這些物件的屬性後，我們來完整實作一次如何計算技術指標，範例程式碼如下：

▌ 檔名：4-6_計算移動平均線.py

```
from historical_data import get_klines_df
import pandas as pd
from talib.abstract import SMA, EMA, WMA, KAMA

# 取得歷史資料
symbol = "BTCBUSD"
```

```
interval = "6h"
klines = get_klines_df(symbol, interval)

# 計算技術指標
data = klines.copy()
data['sma'] = SMA(data, timeperiod=20)
data['ema'] = EMA(data, timeperiod=20)
data['wma'] = WMA(data, timeperiod=20)
data['kama'] = KAMA(data, timeperiod=20)
```

接著，筆者習慣將轉換出來的技術指標值（pandas.Series 型態）進行定義，回到原本的 K 棒資料（pandas.DataFrame 型態）當中，這樣操作的原因是歷史回測時方便被取用，而數值序列直接在原本的 K 線物件（pandas.DataFrame 型態）中定義新欄位即可，操作如下：

```
>>> data['sma'] = SMA(data, timeperiod=20) 再將 MA 的 dataframe 附加到原本的 K 棒物件中
>>> data['sma']
datetime
2021-01-12 06:00:00        NaN
2021-01-12 12:00:00        NaN
2021-01-12 18:00:00        NaN
2021-01-13 00:00:00        NaN
2021-01-13 06:00:00        NaN

2023-07-02 00:00:00     30426.300
2023-07-02 06:00:00     30449.505
2023-07-02 12:00:00     30458.570
2023-07-02 18:00:00     30473.665
2023-07-03 00:00:00     30475.595
Name: sma, Length: 3604, dtype: float64
>>>
```

技巧49 【實作】繪製 K 線與移動平均圖

透過技巧 48 了解如何計算 MA 技術指標後，本技巧將介紹如何將 MA 指標與 K 線圖同時繪製，MA 指標與 K 線圖將透過疊圖的方式呈現，而疊圖代表該技術指標是與 K 線圖繪製在一起的，如圖 4-21 所示。

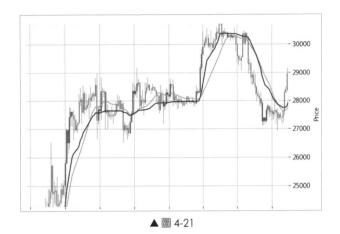

▲圖 4-21

　　mplfinance 套件是透過 plot 函數繪製 K 線圖，若要加上其他的圖表，我們必須透過 mplfinance 套件底下的 make_addplot 函數來產生指標圖表的物件。這裡要注意的是，指標圖表中的陣列長度必須要跟 K 線圖的陣列長度一樣，以下是帶入指標圖的函數方式：

　　mplfinance.make_addplot(指標陣列 ,type= 指定圖樣 ,color= 指定顏色)

　　產生的 addplot 物件若有多個，則必須透過一個 list 變數統整起來，筆者習慣將該 list 變數稱為「容器」。

　　接著，我們來繪製均線指標圖，範例程式碼如下：

▌檔名：4-7_ 繪製移動平均圖 .py

```
from historical_data import get_klines_df
import pandas as pd
from talib.abstract import SMA, EMA, WMA, KAMA

# 取得歷史資料
symbol = "BTCBUSD"
interval = "6h"
klines = get_klines_df(symbol, interval)

# 繪製 K 線圖
data = klines.copy()
data['sma'] = SMA(data, timeperiod=20)
data['ema'] = EMA(data, timeperiod=20)
data['wma'] = WMA(data, timeperiod=20)
data['kama'] = KAMA(data, timeperiod=20)
```

```
addp = []
addp.append(mpf.make_addplot(data['sma'], color='orange'))
addp.append(mpf.make_addplot(data['kama'], color='blue'))

mcolor = mpf.make_marketcolors(up='r', down='g', inherit=True)
mstyle = mpf.make_mpf_style(base_mpf_style='yahoo', marketcolors=mcolor)
mpf.plot(data, style=mstyle, addplot=addp, type='candle')
```

執行後，產生的畫面如圖 4-22 所示。

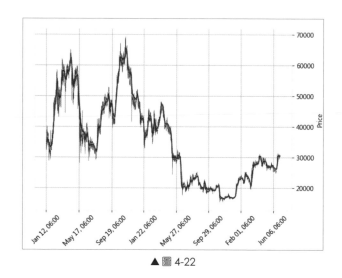

▲ 圖 4-22

技巧50 【實作】布林通道介紹與計算

本技巧將介紹布林通道指標，布林通道是常用的技術指標，也是常見的逆勢策略指標之一，其由三個陣列所組成的，分別是「上界」、「中界」、「下界」，這三條線與目前的價格走勢繪製出來後，看起來就好像形成一個通道的樣子，這就是「通道」名字的由來。而布林通道是由 MA 指標衍生而來，透過特定 MA 的正負幾個標準差計算而來。

通常，應用布林通道的方式都是當觸碰下界及觸碰上界時，我們進行反向的操作，例如：當價格觸碰到上界，代表價格走勢到達高點，進行空方操作，K 線圖搭配布林通道的圖形如圖 4-23 所示。

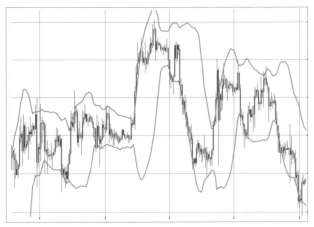

▲ 圖 4-23

以下說明布林通道 talib.BBANDS 的參數：

參數	說明
K Dictionary	K 線物件。
Timeperiod	均線的時間週期，預設為 10。
nbdevup	上界標準差，預設為 2。
nbdevdn	下界標準差，預設為 2。
matype	均線的計算方式，預設 0（SMA）。

程式碼如下：

▋ 檔名：4-8_計算布林通道.py

```
from historical_data import get_klines_df
import pandas as pd
from talib.abstract import BBANDS

# 取得歷史資料
symbol = "BTCBUSD"
interval = "6h"
klines = get_klines_df(symbol, interval)

# 計算技術指標
data = klines.copy()
data[['upper', 'middle', 'lower']] = BBANDS(data, timeperiod=20)
```

透過 CMD 執行該範例檔案，執行結果如下：

```
>>> data[['upper', 'middle', 'lower']]
                           upper        middle          lower
datetime
2021-01-12 06:00:00          NaN           NaN            NaN
2021-01-12 12:00:00          NaN           NaN            NaN
2021-01-12 18:00:00          NaN           NaN            NaN
2021-01-13 00:00:00          NaN           NaN            NaN
2021-01-13 06:00:00          NaN           NaN            NaN

                             ...           ...            ...
2023-07-02 00:00:00  30841.951556     30426.300   30010.648444
2023-07-02 06:00:00  30835.527168     30449.505   30063.482832
2023-07-02 12:00:00  30834.427532     30458.570   30082.712468
2023-07-02 18:00:00  30848.707575     30473.665   30098.622425
2023-07-03 00:00:00  30856.141982     30475.595   30095.048018

[3604 rows x 3 columns]
```

技巧 51 【實作】繪製 K 線與 BBANDS 圖

本技巧將介紹 BBANDS 指標與 K 線圖同時繪製。延續技巧 50，我們計算完布林通道的技術指標後，只需要將上軌、下軌繪製在 K 線的同一張圖上即可。

通常，繪製 BBANDS 圖時，會繪製上軌、下軌的邊界線，範例程式碼如下：

▌檔名：4-9_ 繪製布林通道圖 .py

```python
from historical_data import get_klines_df
import pandas as pd
from talib.abstract import BBANDS

# 取得歷史資料
symbol = "BTCBUSD"
interval = "6h"
klines = get_klines_df(symbol, interval)

# 繪製 K 線圖
data = klines.copy()
data[['upper', 'middle', 'lower']] = BBANDS(data, timeperiod=20)
```

```
addp = []
addp.append(mpf.make_addplot(data['upper'], color='orange'))
addp.append(mpf.make_addplot(data['lower'], color='orange'))

mcolor = mpf.make_marketcolors(up='r', down='g', inherit=True)
mstyle = mpf.make_mpf_style(base_mpf_style='yahoo', marketcolors=mcolor)
mpf.plot(data, style=mstyle, addplot=addp, type='candle')
```

執行後，產生的畫面如圖 4-24 所示。

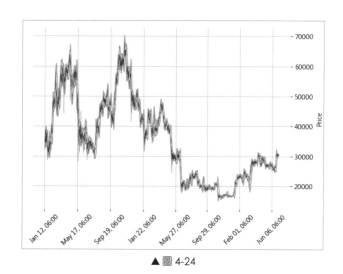

▲ 圖 4-24

技巧52 【實作】相對強弱指標介紹與計算

「相對強弱指標」的英文全名為「Relative Strength Index」，英文簡寫為「RSI」，也是程式交易中常見的指標。RSI 是透過一段期間內的漲幅與跌幅來進行計算的方式，由於金融資料是時間序列，所以每一個時間點會計算出前一段時間的相對強弱指標，然後隨著時間的推移，會產生出連續值。

RSI 的計算方式中，K 棒的「漲幅」與「跌幅」就是計算的因素，公式如下：

RSI =「漲幅」/「漲幅」+「跌幅」

看到這個公式就可以知道，該公式的結果會在 0-100% 之間，因此稱為「相對強弱指標」，該指標的意涵是透過這樣的方式知道目前市場的價格相較於前一段期間來看，相對位置在哪，這就是 RSI 的指標意義。

本技巧將介紹如何進行相對強弱指標的計算，我們會透過 talib.abstract 底下的 class 來計算技術指標。talib.abstract.RSI 的參數如下：

參數	說明
timeperiod	RSI 的週期。

talib.abstract.RSI 的回傳值只有一個，就是 RSI。

了解這些物件的屬性後，讀者可以透過範例程式碼來計算 RSI，程式碼如下：

▌檔名：4-10_ 計算相對強弱指標 .py

```
from historical_data import get_klines_df
import pandas as pd
from talib.abstract import RSI

# 取得歷史資料
symbol = "BTCBUSD"
interval = "6h"
klines = get_klines_df(symbol, interval)

# 計算技術指標
data = klines.copy()
data['rsi'] = RSI(data, timeperiod=20)
```

執行結果如下：

```
>>> data['rsi'] = RSI(data, timeperiod=20) 再將 RSI 的 dataframe 附加到原本的 K 棒物件中
>>> data['rsi']
datetime
2021-01-12 06:00:00          NaN
2021-01-12 12:00:00          NaN
2021-01-12 18:00:00          NaN
2021-01-13 00:00:00          NaN
2021-01-13 06:00:00          NaN

2023-07-02 00:00:00    57.520706
2023-07-02 06:00:00    58.260366
2023-07-02 12:00:00    56.526391
2023-07-02 18:00:00    58.690807
2023-07-03 00:00:00    60.490241
```

```
Name: rsi, Length: 3604, dtype: float64
>>>
```

技巧 53 【實作】繪製 K 線與 RSI 圖

本技巧將介紹 RSI 指標與 K 線圖同時繪製，RSI 指標與 MA 指標不同，RSI 所計算出來的值會介於 0 至 100，所以 RSI 與 K 線圖無法透過疊圖的方法呈現，必須透過「副圖」的方式去繪製 RSI。

本技巧會說明如何透過副圖的方式帶入圖表，make_addplot 函數中有一個參數「panel」代表該圖所在的圖片定位，索引值是 0 至 9，panel 代表主圖（K 線圖），1 代表第一個副圖（通常是成交量），所以最多可以有 9 個副圖，依照是否有繪製成交量（如果有的話，panel=1 就會是成交量，副圖就要從 2 開始），我們將 RSI 指標定義在相對應的副圖就好了。

而通常繪製 RSI 圖，會另外繪製「買超」、「賣超」的邊界線，之後的策略會介紹到。範例程式碼如下：

▌檔名：4-11_ 繪製相對強弱指標圖 .py

```python
from historical_data import get_klines_df
import pandas as pd
from talib.abstract import RSI

# 取得歷史資料
symbol = "BTCBUSD"
interval = "6h"
klines = get_klines_df(symbol, interval)

# 繪製K線圖
data = klines.copy()
data['rsi'] = RSI(data, timeperiod=20)
data['upper'] = 80
data['lower'] = 20

addp = []
addp.append(mpf.make_addplot(data['rsi'], panel=1))
addp.append(mpf.make_addplot(data['upper'], panel=1, color='grey'))
addp.append(mpf.make_addplot(data['lower'], panel=1, color='grey'))
```

```
mcolor = mpf.make_marketcolors(up='r', down='g', inherit=True)
mstyle = mpf.make_mpf_style(base_mpf_style='yahoo', marketcolors=mcolor)
mpf.plot(data, style=mstyle, addplot=addp, type='candle')
```

執行後，產生的畫面如圖 4-25 所示。

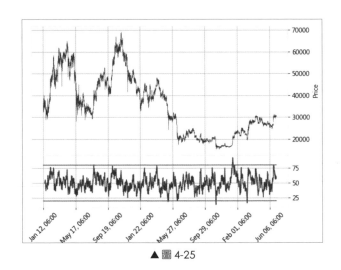

▲ 圖 4-25

技巧 54 【實作】波動率指標介紹與計算

「平均眞實區間指標」的英文全名爲「Average True Rage」，簡稱爲「ATR」，目的是策略的金融商品的價格波動性，而非是找出趨勢的方向。

ATR 的計算方式是以三個值的最大值爲主，分別爲「一段期間最高最低價差」、「前收與最高的差」、「前收與最低的差」。當 ATR 放大時，代表這三個值的最大值越大，市場的波動放大，反之亦然。

ATR 的用處與前面三個技術指標有些微的不同，由於 ATR 指標本身沒有多空方向性，所以不適合用來作爲交易策略的主要指標（若是以波動率爲主的交易商品，則不在此限），但是若可以透過 ATR 來進行輔助，作爲交易濾網則是相當好的一款指標。

我們來介紹如何去進行 ATR 的計算，本技巧會透過 talib.abstract 底下的 class 來計算技術指標。talib.abstract.RSI 的參數如下：

參數	說明
timeperiod	時間週期。

接著，讀者可以透過範例程式碼來計算 ATR，本範例中會計算單一時間週期 ATR，程式碼如下：

▌檔名：4-12_ 計算真實波動區間 .py

```python
from historical_data import get_klines_df
import pandas as pd
from talib.abstract import ATR

# 取得歷史資料
symbol = "BTCBUSD"
interval = "6h"
klines = get_klines_df(symbol, interval)

# 計算技術指標
data = klines.copy()
data['atr'] = ATR(data, timeperiod=20)
```

指標操作結果如下：

```
>>> data['atr'] = ATR(data, timeperiod=20) ───────      再將 RSI 的 dataframe 附加到
>>> data['atr']                                         原本的 K 棒物件中
datetime
2021-01-12 06:00:00          NaN
2021-01-12 12:00:00          NaN
2021-01-12 18:00:00          NaN
2021-01-13 00:00:00          NaN
2021-01-13 06:00:00          NaN

2023-07-02 00:00:00     448.642317
2023-07-02 06:00:00     429.945201
2023-07-02 12:00:00     437.947941
2023-07-02 18:00:00     437.925544
2023-07-03 00:00:00     426.599267
Name: atr, Length: 3604, dtype: float64
>>>
```

技巧 55 【實作】繪製 K 線與 ATR 圖

本技巧將介紹如何繪製 MA 指標及 ATR 技術指標，ATR 主要有兩種使用方式，一個是單獨使用 ATR，另一種則類似布林通道，只是將標準差換為 ATR，本技巧會繪製 ATR 及 ATR 通道（MA 正負 ATR）。

MA 正負 ATR 需要透過疊圖的方式進行繪製，ATR 指標需要透過副圖的方式來進行繪製，由於繪製方式與前面的繪圖技巧類似，因此不再重複介紹，讀者可自行參考本章前面的技巧。程式碼如下：

▌檔名：4-13_ 繪製真實波動區間圖 .py

```python
from historical_data import get_klines_df
import pandas as pd
from talib.abstract import SMA, ATR


# 取得歷史資料
symbol = "BTCBUSD"
interval = "6h"
klines = get_klines_df(symbol, interval)


# 繪製 K 線圖
data = klines.copy()
data['atr_short'] = ATR(data, timeperiod=20)
data['atr_long'] = ATR(data, timeperiod=40)
data['atr_upper'] = SMA(data, timeperiod=20) + ATR(data, timeperiod=20)
data['atr_lower'] = SMA(data, timeperiod=20) - ATR(data, timeperiod=20)

addp = []
addp.append(mpf.make_addplot(data['atr_short'], secondary_y=True, panel=1))
addp.append(mpf.make_addplot(data['atr_long'], secondary_y=True, panel=1))
addp.append(mpf.make_addplot(data['atr_upper']))
addp.append(mpf.make_addplot(data['atr_lower']))

mcolor = mpf.make_marketcolors(up='r', down='g', inherit=True)
mstyle = mpf.make_mpf_style(base_mpf_style='yahoo', marketcolors=mcolor)
mpf.plot(data, style=mstyle, addplot=addp, type='candle')
```

執行後，產生的畫面如圖 4-26 所示。

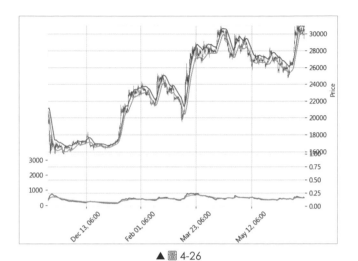

▲ 圖 4-26

技巧 56 【實作】乖離率介紹與計算

「乖離率」（也被稱為「偏離度」、「偏離率」）是一個金融術語，用於衡量某項指標（例如：收盤價、移動平均線等）與其平均值之間的差異程度。它通常被用來評估市場的過熱或過冷情況以及預測價格趨勢的變化。

而技術指標中，MACD 就是用來衡量不同週期均線之間的乖離率，MACD 的中文為「指數平滑異同移動平均線」，英文全名為「Moving Average Convergence / Divergence」，它是一款從均線衍生而來的技術指標，許多投資人一般都認識 MACD 指標，但是對於如何計算 MACD 則多數都不清楚，所以我們先來介紹何謂 MACD 且如何計算的。

MACD 是透過兩條不同週期的均線相減後得到差值（Diff），並且再將差值去進行再次的平均，所以 MACD 相較於 MA 會相對平滑許多。我們可以從計算方式中找到三個必要的參數，分別是「快線週期」、「慢線週期」、「指標週期」。

MACD 計算出來會有三個值，一個值為「DIF」（就是快慢線的差值），一個為「MACD」（也就是 DIF 去進行移動平均），最後是「OSC」（DIF-MACD），常見的用法是看 OSC 位於 0 軸之上還是之下。

我們將介紹如何進行 MACD 的計算，本技巧會透過 talib.abstract 底下的 class 來計算技術指標。talib.abstract.RSI 的參數如下：

參數	說明
fastperiod	快線週期。
slowperiod	慢線週期。
signalperiod	指標週期。

　　talib.abstract.MACD 的回傳值有三個，分別是 macd、macdsignal、macdhist。讀者可以透過範例程式碼來計算 MACD，程式碼如下：

▌檔名：4-14_ 計算 MACD.py

```
from historical_data import get_klines_df
import pandas as pd
from talib.abstract import MACD

# 取得歷史資料
symbol = "BTCBUSD"
interval = "6h"
klines = get_klines_df(symbol, interval)

# 計算技術指標
data = klines.copy()
data[['macd', 'macdsignal', 'macdhist']] = MACD(data,
                                            fastperiod=20,
                                            slowperiod=40,
                                            signalperiod=9)
```

　操作結果如下：

```
>>> data[['macd', 'macdsignal', 'macdhist']] = MACD(data,
                                            fastperiod=20,
                                            slowperiod=40,
                                            signalperiod=9)
>>> data[['macd', 'macdsignal', 'macdhist']]
                        macd    macdsignal    macdhist
datetime
2021-01-12 06:00:00     NaN         NaN         NaN
2021-01-12 12:00:00     NaN         NaN         NaN
2021-01-12 18:00:00     NaN         NaN         NaN
2021-01-13 00:00:00     NaN         NaN         NaN
2021-01-13 06:00:00     NaN         NaN         NaN
                        ...         ...         ...
```

```
2023-07-02 00:00:00   468.623092   547.527425  -78.904334
2023-07-02 06:00:00   452.680409   528.558022  -75.877613
2023-07-02 12:00:00   432.020421   509.250502  -77.230081
2023-07-02 18:00:00   420.321080   491.464617  -71.143537
2023-07-03 00:00:00   415.328634   476.237421  -60.908787

[3604 rows x 3 columns]
```

技巧57　【實作】繪製 K 線 MACD 圖

　　本技巧將介紹如何將 MACD 圖像化，MACD 常見的圖像化方式比較特別，由於 MACD 共有三個值，分別是 macd、macdsignal、macdhist，且 MACD 的值與 K 線值的範圍是不同的，所以必須透過副圖來繪製。

　　我們來介紹如何繪製 K 線圖與 MACD，繪圖的程式碼如下：

▌檔名：4-15_ 繪製 MACD 圖 .py

```python
from historical_data import get_klines_df
import pandas as pd
from talib.abstract import MACD

# 取得歷史資料
symbol = "BTCBUSD"
interval = "6h"
klines = get_klines_df(symbol, interval)

# 繪製 K 線圖
data = klines.copy()
data[['macd', 'macdsignal', 'macdhist']] = MACD(data, signalperiod=9)

addp = []
addp.append(mpf.make_addplot(data['macd'], secondary_y=True, panel=1))
addp.append(mpf.make_addplot(data['macdsignal'], secondary_y=True, panel=1))
addp.append(mpf.make_addplot(data['macdsignal'], secondary_y=True, panel=1, type='bar'))

mcolor = mpf.make_marketcolors(up='r', down='g', inherit=True)
mstyle = mpf.make_mpf_style(base_mpf_style='yahoo', marketcolors=mcolor)
mpf.plot(data, style=mstyle, addplot=addp, type='candle')
```

執行後，產生的畫面如圖 4-27 所示。

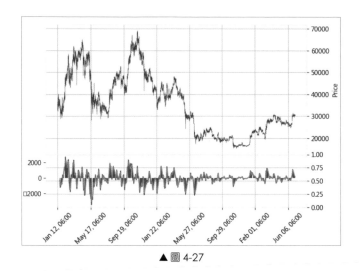

▲ 圖 4-27

## 05

建構 CTA 策略

本章介紹量化交易回測的介紹與方法,透過回測進場、出場點的設計,生成交易
買賣明細資訊,並且我們可以使用向量化等方法來優化大數據回測速度。同時,
考慮加密貨幣回測成本,我們介紹了績效評量指標,並提供實作範例。此外,也
提供各種 CTA 策略範本,如突破策略、均線策略、布林通道策略等,並介紹策
略參數最佳化和多時間單位回測的方法。

技巧 58 【觀念】量化交易回測流程

本技巧將介紹我們建構歷史交易回溯測試的框架流程，歷史回溯測試是將歷史資料作爲基礎，所以我們必須非常了解回溯測試的資料正確性。

「回測架構」就是透過不同的歷史資料當作基礎，進行資料合併、交易指標的運算，接著進行交易判斷來決定是否進場、出場，並獲得進出場點的紀錄，最後做歷史績效的評估，以檢視我們的交易邏輯是否能夠在市場上獲利，計算完績效指標後，又會回到最原本的步驟。透過績效指標的評量，我們可以找出策略中的不足，並透過調整策略架構、參數去試圖優化結果，這樣的過程又稱爲「策略優化」。

❖ 取得歷史回溯資料集

本書中所提到的歷史資料分析、圖形建構、歷史回測，資料都是公開資料 API 去取得，而我們需要做的就是將不同的資料彙整起來，建立不同面向的交易策略。

❖ 計算輔助交易決策的指標

轉換交易指標，最常見的就是透過價格資料去轉換爲技術指標，例如：均線、布林通道、相對強弱指標等。轉換指標的部分，會在之後不同的章節中去計算不同的指標。

❖ 交易邏輯設計

設計交易邏輯流程如下：

|STEP| **01** 通常會在資料圖形化後，以人眼來進行閱讀及研究，從中找出適合交易的方法。

|STEP| **02** 將交易邏輯列出，可以試著輸入在記事本或寫在紙上，例如：「A 線高於 B 線」且「C 值高於 2000」時買進，並在「半小時」後出場。

|STEP| **03** 將交易邏輯透過程式碼量化，這部分可以參考之後的章節，裡面有將策略量化的程式碼，讀者可以從中找出相似範例來取用。

❖ 歷史交易明細回傳

回測交易格式的設計是希望完整保存回測交易紀錄，並且忠實表達交易事件的細節，最後讓這些交易紀錄能夠被分析，以產出可讀的績效指標。以下是交易紀錄常見的格式：

多空、商品代碼、進場日期、時間、價格、數量、平倉日期、時間、價格、稅金、手續費、策略名稱

讀者可以自行設計詳細的交易明細，本書將會在後面的技巧中介紹適用於加密貨幣的交易明細格式。

❖ 績效計算工具

取得交易紀錄後，就可依照交易回傳的資料加以計算分析。績效不單單可以從盈虧去觀察，也可從買賣、交易次數、交易時間點來進行分析。某些策略符合某些時期的趨勢條件，但不代表那些策略會符合長期市場的走勢，畢竟交易市場是瞬息萬變的，若要校調出一個長期穩定獲利的策略，必須要經過長期回測的測試。

技巧 59 【觀念】交易策略介紹與建構方法

簡單來說，「交易策略」就是建構一個金融商品進出場的交易邏輯，而在量化的領域中，交易邏輯必須是精確且不含糊的。

「交易策略」就是投資人在金融市場上操作的方法，研擬好交易策略後，我們就可以在投資市場上遵守交易方針進行操作，而歷史回測就是將某個交易策略在歷史的交易市場上模擬執行，並且確保在歷史中可以有著正期望值的報酬。

本書將著重在建構交易策略，也就是「尋找對於特定商品的投資策略」，透過 Python 的輔助，讓我們可以在廣闊的交易市場中找到適合的商品及策略。

對於上述的「尋找特定商品的投資策略」，本章又分為「策略構想」、「策略撰寫」、「評估績效」，讀者可以透過本章循序漸進去建構屬於自己的交易策略。

接著介紹交易流程的必要步驟：

|STEP| *01* 選擇交易標的。

|STEP| *02* 進場判斷。

|STEP| *03* 出場判斷。

若要建構交易策略，就必須具備這幾點交易步驟，所以當讀者想要建構自己的交易策略時，可從這個角度去切入。

接下來，我們將介紹如何透過 Python 建構交易策略的方法，我們可以選擇自己想要的投資方式，一切都操之在己。

技巧 60 【觀念】回測交易訊號與進場點

在開始建構交易策略之前，我們必須先釐清一些觀念，首先要討論的是「回測進場點」。如果當前的 K 線觸發交易買進訊號，則我們進場的時間是「當前 K 線的收盤價」還是「下一根 K 線的開盤價」呢？理論上來說，「當前 K 線觸發的交易訊號」產生時，「當前 K 線的收盤價」已經是過去的歷史資料了，所以我們必須要使用「下一根 K 線的開盤價」。

以市價單為例，開盤當下的 6 小時單位的 K 線，是 Jun 13,18:00 觸發交易訊號，當這一根 K 線產生交易訊號時，必須要以下一根 K 線（Jun 00,00:00）的開盤價作為進場，如圖 5-1 所示。

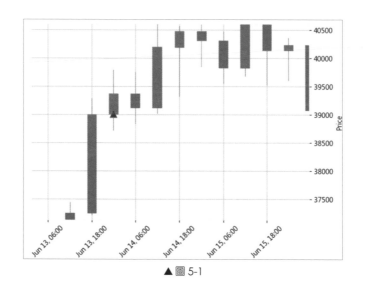

▲ 圖 5-1

若是預期以限價單為主的話，就需要判斷進場訊號後的 K 線是否有觸及到限價單的價格，不過這一部分還要考慮到市場當下的委買委賣情況，由於這部分沒有辦法完全透過歷史資料模擬，所以在回測的時候，我們通常會採用市價單（立即成交）去進行回測演練。透過以上的方式，運用到實單交易時，交易時間點才會正確。

技巧 61 【實作】回測速度優化方法：向量化

本技巧將介紹「向量化」的概念，「向量化」是優化迴圈算法的一種概念，適用於 pandas 的資料型態的方法。

　　爲何需要向量化呢？原因很簡單，因爲以虛擬貨幣來說，雖然回測的總時間不長，但是由於虛擬貨幣是全日可交易的金融商品，所以當資料筆數大的情況下，使用迴圈去進行計算，就會顯得笨重，現在我們透過範例來說明「使用迴圈回測時，會發生哪些問題」。

　　我們使用迴圈去判斷每一筆資料的最低價是否等於開盤價，如果成立，我們就設定買進；如果不成立，就設定賣出。爲了突顯效果，筆者將 K 線頻率設爲 15 分鐘（讀者可以設定更細節的資料頻率），迴圈的範例程式碼如下：

▌檔名：5-1_ 迴圈與向量化速度實測 .py

```python
from historical_data import get_klines_df
from binance.client import Client
from talib.abstract import SMA
import pandas as pd
import time


# 取得歷史資料
symbol = "BTCBUSD"
interval = "1m"
klines = get_klines_df(symbol, interval)


# 計算指標以及定義策略 ( 迴圈寫法 )
start_ts = time.time()
data = klines.copy()


for index, row in data.iterrows():
    if row['low'] == row['open']:
        data.loc[index, 'up'] = True
    else:
        data.loc[index, 'up'] = False


print(f" 迴圈寫法共花費 :{time.time() - start_ts} 秒 ")
```

　　筆者在撰寫本書時，資料筆數大約是 86482 筆，以筆者的電腦來說，執行結果如下：

迴圈寫法共花費 :8.949998378753662 秒

　　接著，筆者透過向量的方式去判斷上述的相同邏輯，程式碼如下：

▌檔名：5-1_ 迴圈與向量化速度實測 .py

```
# 計算指標以及定義策略（向量化寫法）
start_ts = time.time()
data = klines.copy()

data['up'] = False
data.loc[data["low"] > data["open"], "up"] = True
print(f" 向量化寫法共花費 :{time.time() - start_ts} 秒 ")
```

以筆者的電腦來說，執行結果如下：

向量化寫法共花費 :0.006999969482421875 秒

從這裡可以看到，向量化的優化效果是遠勝於迴圈寫法的，因此本書後面的策略建構都會使用向量化寫法來進行。

技巧 62 【實作】建構策略並產生交易明細

目前我們已經有了過去的歷史資料，那我們應該如何從歷史資料去進行進出場分析呢？首先，我們必須要有「部位」的概念，就是想像在資料集的第一筆，我們剛開始進入投資市場時，第一天不會有任何「交易部位」，所以我們只擁有「初始資金」而沒有「交易部位」；隨著交易的歷史資料逐漸往後推延，得到進場訊號後，這時我們就擁有了第一個「交易部位」，接著我們會將該部位選擇適當的時機出場，這樣一個循環造就了一次回測交易的紀錄，而這樣的循環就會一直到資料執行結束。

透過這樣建構策略的方式，我們只需要記錄「進出場的紀錄」就可以了。而關於策略資金的運用，策略執行是否有可能被斷頭的考量呢？這部分會被考量在下一個階段的「績效評量」。

我們在一開始建構策略時，先單純用 K 線去進行策略的判斷，畢竟在 K 線上，就已經透露了許多市場資訊。首先定義好我們的策略，標的是以 BTCBUSD 為例，讀者可自行修正。

本策略的進出場邏輯如下：

策略名稱	策略內容
多單進場	該根 K 線收盤價大於上一筆 K 線最高價。
空單進場	該根 K 線收盤價小於上一筆 K 線最低價。

　　該策略是採用多單、空單切換的方式，如果產生多單訊號，則持有多單；如果產生空
單訊號，則持有空單，進出場如圖 5-2 所示。

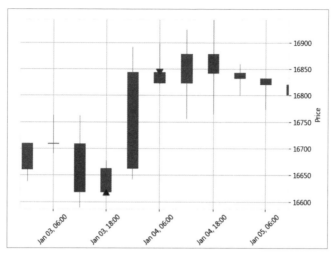

▲ 圖 5-2

　　範例程式碼如下：

▌檔名：5-2_ 完整回測流程 .py

```
from historical_data import get_klines_df
from binance.client import Client
import pandas as pd
import numpy as np
import mplfinance as mpf


# 取得歷史資料
symbol = "BTCBUSD"
interval = "6h"
klines = get_klines_df(symbol, interval)

# 計算指標，並做回測
data = klines.copy()
data.loc[data["close"] > data['high'].shift(), 'signal'] = -1
data.loc[data["close"] < data['low'].shift(), 'signal'] = 1
data["position"] = data['signal'].fillna(method='ffill')
```

其中，讀者可以發現到筆者使用了「fillna(method='ffill')」這個方法，由於並不是每一根 K 線都可以產生訊號，所以我們會延續最近一次發生的訊號來作爲我們策略當前的訊號。而「data["position"]」這個 Series，就是用來記錄當前策略部位的 Series，如果值爲 1，代表持有多單；如果值爲 -1，代表持有空單。

接著，我們要將「data["position"]」這個 Series 轉換爲「交易明細」，也就是說，我們要再抓到這個 Series 數值轉換的時間點，例如：從 1 變成 -1，代表多單出場、空單進場；反之，從 -1 變成 1，代表空單出場、多單進場。

策略訊號轉換爲進出場明細，範例程式碼如下：

▌檔名：5-2_完整回測流程 .py

```python
# 將策略訊號轉換為進出場明細
data["next_open"] = data["open"].shift(-1)
data['time'] = data.index
data['next_time'] = data["time"].shift(-1)
data.loc[(data["position"].shift(1) != 1) & (
    data["position"] == 1), "signal"] = 'buy_order'
data.loc[(data["position"].shift(1) == 1) & (
    data["position"] != 1), "signal"] = 'buy_cover'
order = data[data["signal"] == 'buy_order'][[
    'next_time', "next_open"]].reset_index(drop=True)
order.columns = ["order_time", "order_price"]
cover = data[data["signal"] == 'buy_cover'][[
    'next_time', "next_open"]].reset_index(drop=True)
cover.columns = ["cover_time", "cover_price"]
if order.shape[0] > 0:
    cover = cover[cover["cover_time"] > order["order_time"][0]]
trade_info_buy = pd.concat([order, cover], axis=1)
trade_info_buy.dropna(inplace=True)
trade_info_buy['bs'] = 'buy'
data.loc[(data["position"].shift(1) != -1) & (
    data["position"] == -1), "signal"] = 'sell_order'
data.loc[(data["position"].shift(1) == -1) & (
    data["position"] != -1), "signal"] = 'sell_cover'
order = data[data["signal"] == 'sell_order'][[
    'next_time', "next_open"]].reset_index(drop=True)
order.columns = ["order_time", "order_price"]
cover = data[data["signal"] == 'sell_cover'][[
```

```
    'next_time', "next_open"]].reset_index(drop=True)
cover.columns = ["cover_time", "cover_price"]
if order.shape[0] > 0:
    cover = cover[cover["cover_time"] > order["order_time"][0]]
trade_info_sell = pd.concat([order, cover], axis=1)
trade_info_sell.dropna(inplace=True)
trade_info_sell['bs'] = 'sell'

trade_info = pd.concat([trade_info_buy, trade_info_sell])
trade_info.sort_values('order_time', inplace=True)
trade_info.reset_index(drop=True, inplace=True)
```

轉換完成後，我們就可以取得 trade_info 交易明細的變數了，資料內容大致如下：

order_time	order_price	cover_time	cover_price	bs
2021/1/13 06:00	33267	2021/1/14 00:00	37451.4	buy
2021/1/14 00:00	37451.4	2021/1/15 06:00	37750	sell
2021/1/15 06:00	37750	2021/1/16 12:00	37693.5	buy
2021/1/16 12:00	37693.5	2021/1/17 00:00	35990.6	sell
2021/1/17 00:00	35990.6	2021/1/17 18:00	35820.2	buy
2021/1/17 18:00	35820.2	2021/1/18 06:00	35347.2	sell
2021/1/18 06:00	35347.2	2021/1/18 12:00	36407.6	buy
2021/1/18 12:00	36407.6	2021/1/20 00:00	35839.9	sell
2021/1/20 00:00	35839.9	2021/1/21 00:00	35523.1	buy
2021/1/21 00:00	35523.1	2021/1/21 12:00	32245.8	sell
2021/1/21 12:00	32245.8	2021/1/22 18:00	32316.5	buy
2021/1/22 18:00	32316.5	2021/1/23 12:00	31652.1	sell
2021/1/23 12:00	31652.1	2021/1/24 06:00	32916	buy

🚀 **說明** 表格標題列的中文分別為「進場時間」、「進場價格」、「出場時間」、「出場價格」、「買賣」。以上的程式碼主要是取得部位轉換時的資訊，用來抓取交易明細。如果不清楚運作原理，其實也沒關係，筆者之後會將這些程式碼寫為類別簡化程式碼。

技巧 63 【實作】加密貨幣回測成本考量

從技巧 62 中得到交易明細後，就可以計算績效了，不過計算績效之前，必須先考慮交易成本。「回測的成本考量」也是相當重要的一環，許多人直接參考盈虧的點數，當作是回測的績效，但事實上若是沒有考慮手續費及稅金，若是回測較長時間，交易次數增加，所累計下來的交易成本也是相當可觀的。

以幣安的期貨交易成本來說，可以到幣安的官方網站[1]查詢，如果普通用戶以 BUSD 的市價單來看，每次進出場的手續費是 0.03%，代表一買一賣是 0.06%，如圖 5-3 所示；如果使用 BNB 扣款，手續費可以降到 0.027%（一買一賣是 0.054%）。

手續費率

現貨及槓桿交易	槓桿借貸利息	U 本位合約交易		幣本位合約交易	期權交易	交易挖礦	C2C	NFT

等級	最近 30 天交易量 (BUSD)	及/或	BNB 持倉量	USDT Maker / Taker	USDT Maker/Taker BNB 9折	BUSD Maker / Taker	BUSD Maker/Taker BNB 9折
普通用戶	< 15,000,000 BUSD	或	≥ 0 BNB	0.0200%/0.0400%	0.0180%/0.0360%	0.0120%/0.0300%	0.0108%/0.0270%
VIP 1	≥ 15,000,000 BUSD	及	≥ 25 BNB	0.0160%/0.0400%	0.0144%/0.0360%	0.0120%/0.0300%	0.0108%/0.0270%
VIP 2	≥ 50,000,000 BUSD	及	≥ 100 BNB	0.0140%/0.0350%	0.0126%/0.0315%	0.0120%/0.0300%	0.0108%/0.0270%
VIP 3	≥ 100,000,000 BUSD	及	≥ 250 BNB	0.0120%/0.0320%	0.0108%/0.0288%	0.0120%/0.0300%	0.0108%/0.0270%
VIP 4	≥ 600,000,000 BUSD	及	≥ 500 BNB	0.0100%/0.0300%	0.0090%/0.0270%	0.0100%/0.0300%	0.0090%/0.0270%

▲圖 5-3

除了考慮手續費以外，還需要考慮資金費率、滑價。由於我們回測的商品是加密貨幣永續合約，不過由於資金費率、滑價的成本比較難估算，所以筆者通常會直接將手續費疊加成數上去，筆者習慣的一次進出場成本率估算約為 0.1%。

接著，我們來詳細介紹如何在策略當中去計算交易成本。由於我們取得交易明細，就可以計算每次進出的單次報酬，再扣除成本率，就可當作我們的真實報酬率。延續前面的技巧，我們來計算扣除成本的報酬。

▌檔名：5-2_ 完整回測流程 .py

```python
# 計算報酬率並扣除成本
trade_info.loc[trade_info['bs'] == 'buy', "return"] = (
    trade_info["cover_price"] / trade_info["order_price"]) - 1
trade_info.loc[trade_info['bs'] == 'sell', "return"] = (
    trade_info["order_price"] / trade_info["cover_price"]) - 1
trade_info["net_return"] = trade_info["return"] - 0.001
```

---

[1]　幣安官方網站：URL https://www.binance.com/zh-TC/fee/futureFee。

```
# 繪製報酬率曲線圖
trade_info["return"].cumsum().plot(label='原始報酬率（單利）',legend=True)
trade_info["net_return"].cumsum().plot(label='扣除成本後報酬率（單利）',legend=True)
```

接著，我們可以透過繪製出來的圖形來檢查有沒有計算成本的差異，執行結果如圖 5-4 所示。

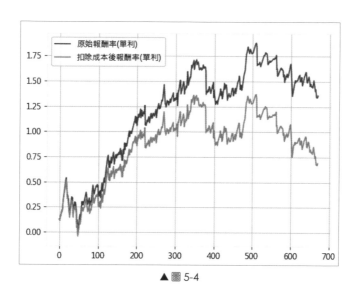

▲ 圖 5-4

技巧 64 【觀念】績效評量指標

分析回測交易紀錄的方式相當多種，從任何角度都可以對交易明細進行分析。本書將介紹最常見的交易明細分析，Python 的最大好處是我們可以不用依賴套裝軟體的績效分析報告，只要有任何疑問，自己動手產出分析報告。

接下來，我們來介紹兩種分析交易紀錄的常見方式，第一種是「權益曲線」，第二種是「績效指標（KPI）」。我們發揮想像力，如果把交易策略當成一支 NBA 球隊，要如何評估這支球隊的績效呢？通常 NBA 每個球員都有屬於自己的數據，如三分球命中率、罰球命中率，球探會依照這些數據去分析球員的價值，換句話說，我們也可以依照過去的表現去評定交易策略的價值。

當我們了解這些分析數據後，可以預測未來嗎？答案是不行，我們只能透過數據回測的方式去找出相對好的交易邏輯，就像我們知道 Lebron James 是 NBA 最好的球員之一，但是他可以贏得每場比賽嗎？沒辦法，交易策略也是一樣的道理，我們可以找出好的交易策略，接著開始投入資金。

❖ 權益曲線

權益曲線應該是由過去制定初始資金，並且透過報酬逐漸累計的一條曲線，筆者的習慣是透過單利（報酬率相加）的方式去檢視策略的好壞。

❖ 績效指標

本書會對特定交易指標做說明，讀者可自行增加，指標依序如下：

指標名稱	說明
總報酬率	整個回測期間的總報酬率相加。
總交易次數	代表回測的交易筆數
平均報酬率	簡單平均報酬率（扣除交易成本後）。
勝率	代表在交易次數中，獲利次數的占比（扣除交易成本後）。
平均獲利	代表平均每一次獲利的金額（扣除交易成本後）。
平均虧損	代表平均每一次虧損的金額（扣除交易成本後）。
賺賠比	代表平均獲利 / 平均虧損。
賠率	總平均獲利 / 總虧損。
期望值	代表每投入的金額，可能會回報的多少倍的金額。
獲利平均持有時間	代表獲利平均每筆交易的持有時間。
虧損平均持有時間	代表虧損平均每筆交易的持有時間。
最大資金回落	代表資金從最高點回落至最低點的幅度。

技巧 65 【實作】實作績效指標

本技巧將介紹如何去製作績效指標，分為三個部分，第一個部分是「將回測的交易紀錄進行績效計算（扣除交易成本）」，第二個部分是「計算績效指標」，第三個部分是「繪製權益曲線圖」，接下來一一詳細介紹。

本技巧會建立一個專門分析績效的 Performance 函數，方便未來不同策略進行取用，以下透過分段的方式來解釋函數內的績效分析，程式碼如下：

▌檔名：5-2_ 完整回測流程 .py

```
# 計算績效指標
total_ret = trade_info["net_return"].sum()
total_num = trade_info.shape[0]
```

```python
avg_ret = trade_info["net_return"].mean()
trade_info['hold_time'] = trade_info["cover_time"] - trade_info["order_time"]
winloss_trade_info = trade_info.groupby(np.sign(trade_info["net_return"]))
t1 = winloss_trade_info["net_return"].count()
t2 = winloss_trade_info["net_return"].mean()
t3 = winloss_trade_info["net_return"].sum()
t4 = winloss_trade_info["hold_time"].mean()
if 1 not in t1:
    win_ratio = 0
    win_loss = 0
    odd = 0
    win_hold_time = np.nan
    loss_hold_time = t4.loc[-1]
elif -1 not in t1:
    win_ratio = np.nan
    win_loss = np.nan
    odd = np.nan
    win_hold_time = t4.loc[1]
    loss_hold_time = np.nan
else:
    win_ratio = t1.loc[1] / t1.sum()
    win_loss = t2.loc[1] / abs(t2.loc[-1])
    odd = t3.loc[1] / abs(t3.loc[-1])
    win_hold_time = t4.loc[1]
    loss_hold_time = t4.loc[-1]


expect_value = (win_loss*win_ratio) - (1-win_ratio)
mdd = (
    trade_info["net_return"].cumsum().cummax()
    - trade_info["net_return"].cumsum()
).max()

print(f"總績效（來回成本 {0.001}）:{round(total_ret,4)}")
print(f"交易次數 :{total_num}")
print(f"平均績效（來回成本 {0.001}）:{round(avg_ret,4)}")
print(f"勝率 :{round(win_ratio,4)}")
print(f"賺賠比 :{round(win_loss,4)}")
print(f"賠率 :{round(odd,4)}")
print(f"期望值 :{round(expect_value,4)}")
print(f"獲勝持有時間 :{win_hold_time}")
print(f"虧損持有時間 :{loss_hold_time}")
print(f"MDD:{round(mdd,4)}")
```

上述範例程式碼是將交易明細計算成績效指標的範例，執行結果如下：

```
總績效 ( 來回成本 0.001):0.6888
交易次數 :671
平均績效 ( 來回成本 0.001):0.001
勝率 :0.6587
賺賠比 :0.5607
賠率 :1.0823
期望值 :0.0281
獲勝持有時間 :0 days 22:02:42.895927601
虧損持有時間 :2 days 03:55:48.471615720
MDD:0.7016
```

接著，繪製報酬率曲線圖及資金回落圖，程式碼如下：

▌檔名：5-2_ 完整回測流程 .py

```python
# 繪製權益曲線圖
trade_info["net_return"].cumsum().plot()
(trade_info["net_return"].cumsum() -
 trade_info["net_return"].cumsum().cummax()).plot()
```

執行結果，如圖 5-5 所示。

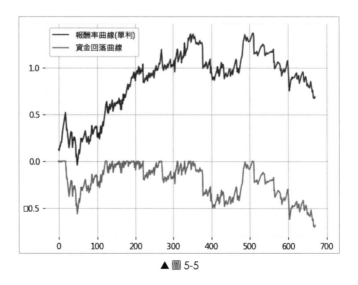

▲ 圖 5-5

透過圖 5-5 就可以檢視策略在歷史上的權益曲線圖，是否有符合自己的預期。

技巧 66 【實作】繪製下單點位

Python 相較於其他金融回測軟體，金融回測軟體都可以直接繪圖進行驗證，通常我們遇到的最大問題是「如何驗證我們的交易邏輯無誤」。本技巧將介紹我們應該要如何驗證我們的邏輯正確性，要有一套方式去確認「量化邏輯」是否符合我們的設想，除了驗證正確性以外，也可以順便了解我們的交易策略在交易層面上是否合理。

而「繪製下單點位圖」是一個非常好的辦法，一方面可以檢查邏輯是否正確，一方面也可以檢查交易邏輯是否有改善的空間。顧名思義，「下單點位圖」是我們要在 K 線圖上記錄進出場的點位，接著我們來介紹如何繪製下單點位圖，這需要用到副圖的概念。

要將 plot 函數加上其他的圖表，我們必須透過 addplot 參數來加入（參考繪製 K 線的技巧），而加入指標進入 K 線圖的方式，我們會透過 mplfinance 套件底下的 make_addplot 函數來產生指標圖表的物件，帶入指標圖的函數方式：

mplfinance.make_addplot(指標陣列 ,color= 指定顏色)

這裡要注意的是「指標圖表中的陣列長度」必須要和「K 線圖的陣列長度」一樣，例如：100 根 K 棒，必須對應 100 個值的陣列（如果是空值，則必須帶 numpy.nan 或 None），所以最簡單的作法是我們將要繪製的副圖與原本的 K 線 DataFrame 彙整。如果有多個 addplot 物件，必須透過 list 存起來。

這裡的作法會將交易明細與 K 線資料合併，合併後將下單點位作為副圖繪製，繪圖的程式碼細節可參考前面章節的繪圖技巧，程式碼如下：

▌檔名：5-2_ 完整回測流程 .py

```
# 繪製下單點位圖
buy_trade_info = trade_info[trade_info['bs'] == 'buy']
sell_trade_info = trade_info[trade_info['bs'] == 'sell']
data2 = pd.concat([buy_trade_info.set_index('order_time')['order_price'],
                   buy_trade_info.set_index('cover_time')['cover_price'],
                   sell_trade_info.set_index('order_time')['order_price'],
                   sell_trade_info.set_index('cover_time')['cover_price'],
                   data], axis=1)

data2.columns = ['buy_order_price', 'buy_cover_price',
                 'sell_order_price', 'sell_cover_price'] + list(data2.columns[4:])
```

```
addp = []
if data2['buy_order_price'].dropna().shape[0] > 0:
    addp.append(mpf.make_addplot(
        data2['buy_order_price'], type='scatter', marker='^', markersize=100, color='r'))
    addp.append(mpf.make_addplot(
        data2['buy_cover_price'], type='scatter', marker='v', markersize=50, color='b'))

if data2['sell_order_price'].dropna().shape[0] > 0:
    addp.append(mpf.make_addplot(
        data2['sell_order_price'], type='scatter', marker='v', markersize=100, color='g'))
    addp.append(mpf.make_addplot(
        data2['sell_cover_price'], type='scatter', marker='^', markersize=50, color='b'))

mcolor = mpf.make_marketcolors(up='r', down='g', inherit=True)
mstyle = mpf.make_mpf_style(base_mpf_style='yahoo', marketcolors=mcolor)
mpf.plot(data2, style=mstyle, addplot=addp, type='candle')
```

接著，我們執行該程式碼，執行結果如圖 5-6 所示。

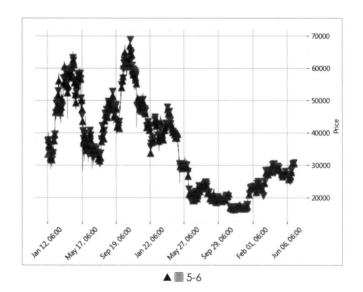

▲ 圖 5-6

　　我們可以看到 K 線圖上佈滿密密麻麻的下單點位，接著透過圖片放大來看到我們實際的下單點位，如圖 5-7 所示。

▲ 圖 5-7

圖 5-7 的樣式如下：

策略名稱	箭頭樣式
多單進場	紅色向上箭頭
多單出場	藍色向下箭頭
空單進場	綠色向下箭頭
空單出場	藍色向上箭頭

技巧67 【實作】簡化回測程式碼

　　本技巧將統整前五個技巧中所實作的程式碼，由於前五個技巧的程式碼繁雜且多，如果每次要寫回測的腳本都必須執行又臭又長的程式碼，這容易讓開發者厭倦，因此筆者特別將整體的程式碼簡化，並寫至函式庫檔案（檔名是 backtest_class.py）中，裡面寫了一個 BactTest 的 Class，主要是透過該物件來進行回測。我們先說明使用 Backtest 類別的架構：

架構	說明
__init__	實例化該類別時會自動下載回測的商品數據。
run_strategy	使用者要自行定義該函數，進行歷史回測，產生訊號陣列。
performance	計算績效指標並回傳。
equity_curve	繪製報酬率曲線圖。
plot_order	繪製 K 線圖及策略歷史下單點位。

　　讀者可以自行下載範例檔案來查看 Backtest 類別的程式碼，接著介紹 Backtest 類別的使用方式，我們以範例檔案來說明，範例程式碼如下：

▌檔名：5-3_ 簡化回測程式碼 .py

```
from backtest_class import Backtest


def run_strategy(self,):    # 定義回測函數
    self.data['position'] = None
    self.data.loc[self.data["close"] >
                self.data['high'].shift(), 'signal'] = -1
    self.data.loc[self.data["close"] <
                self.data['low'].shift(), 'signal'] = 1
    # 最重要的是 position 陣列，後續的函數會抓取該陣列去進行交易明細的取得
    self.data["position"] = self.data['signal'].fillna(method='ffill')


symbol = "BTCBUSD"
interval = "6h"
Backtest.run_strategy = run_strategy    # 將回測函數定義為 class 函數
backtest = Backtest(symbol, interval)   # 實例化並取得回測資料
backtest.run_strategy()    # 開始回測
backtest.performance()     # 績效指標運算
backtest.equity_curve()    # 繪製權益區線
backtest.plot_order()      # 繪製下單點位
```

　　執行程式碼，結果如下：

```
總績效 ( 來回成本 0.001):0.6888
交易次數 :671
平均績效 ( 來回成本 0.001):0.001
勝率 :0.6587
賺賠比 :0.5607
賠率 :1.0823
期望值 :0.0281
獲勝持有時間 :0 days 22:02:42.895927601
虧損持有時間 :2 days 03:55:48.471615720
MDD:0.7016
```

　　執行結果，如圖 5-8、5-9 所示。

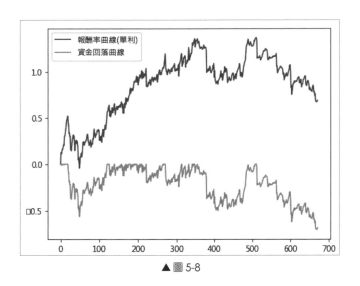

▲ 圖 5-8

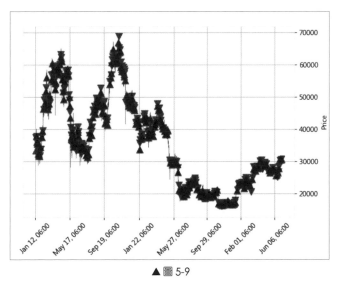

▲ 圖 5-9

技巧 68 【實作】CTA 策略範本－突破策略

本技巧將介紹「突破交易策略」該如何透過程式碼撰寫，策略的發想是「當價格產生了一次壓力或支撐的突破，就順勢進行該方交易」。

本策略的進出場邏輯如下：

策略名稱	策略內容
多單進場	當收盤價大於前 N 根最高價的最高值，則多單進場。
多單進場	當收盤價小於前 N 根最低價的最低值，則空單進場。

接著介紹「突破策略多空方」的程式碼，程式碼如下：

▌檔名：5-4_ 突破交易策略 .py

```python
from backtest_class import Backtest


def run_strategy(self,):
    self.data['position'] = None
    self.data['ceil'] = self.data.rolling(20)['high'].max().shift(1)
    self.data['floor'] = self.data.rolling(20)['low'].min().shift(1)
    self.data.loc[self.data['close'] > self.data['ceil'], 'position'] = 1
    self.data.loc[self.data['close'] < self.data['floor'], 'position'] = -1
    self.data['position'].fillna(method='ffill', inplace=True)


symbol = "BTCBUSD"
interval = "6h"
Backtest.run_strategy = run_strategy
backtest = Backtest(symbol, interval)
backtest.run_strategy()
backtest.performance()
backtest.equity_curve()
backtest.plot_order()
```

執行程式碼，結果如下：

```
總績效 ( 來回成本 0.001):0.1509
交易次數 :73
平均績效 ( 來回成本 0.001):0.0021
勝率 :0.3151
賺賠比 :2.287
賠率 :1.052
期望值 :0.0356
獲勝持有時間 :19 days 18:00:00
虧損持有時間 :8 days 10:48:00
MDD:0.6962
```

權益曲線圖，如圖 5-10 所示。

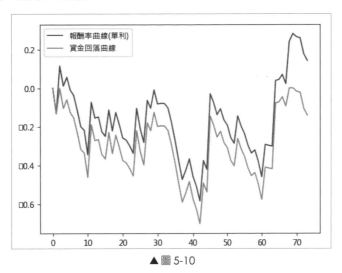

▲ 圖 5-10

交易明細圖放大後，如圖 5-11 所示。

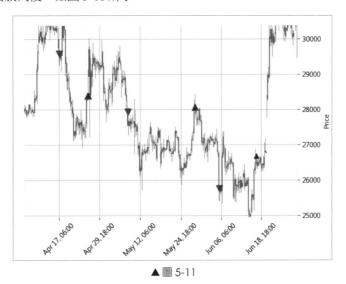

▲ 圖 5-11

技巧69　【實作】CTA 策略範本－均線策略

　　本技巧將介紹「均線交易策略」該如何透過程式碼撰寫，策略的發想是「當短期成本高於長期成本，就順勢進行該多方交易；反之，當短期成本低於長期成本，就順勢進行該空方交易」。

本策略的進出場邏輯如下：

策略名稱	策略內容
多單進場	當短均線大於長均線，則多單進場。
空單進場	當短均線小於長均線，則空單進場。

接著介紹「均線策略多空方」的程式碼，程式碼如下：

▍檔名：5-5_均線交易策略.py

```python
from backtest_class import Backtest
from talib.abstract import EMA


def run_strategy(self,):
    self.data['position'] = None
    self.data['short_ema'] = EMA(self.data, timeperiod=20)
    self.data['long_ema'] = EMA(self.data, timeperiod=60)

    self.data.loc[self.data['short_ema'] >= self.data['long_ema'],
                'position'] = 1
    self.data.loc[self.data['short_ema'] < self.data['long_ema'],
                'position'] = -1


symbol = "BTCBUSD"
interval = "6h"
Backtest.run_strategy = run_strategy
backtest = Backtest(symbol, interval)
backtest.run_strategy()
backtest.performance()
backtest.equity_curve()
backtest.plot_order()
```

執行程式碼，結果如下：

總績效（來回成本 0.001）:0.531
交易次數 :57
平均績效（來回成本 0.001）:0.0093
勝率 :0.2982
賺賠比 :2.8812
賠率 :1.2245

期望值 :0.1575
獲勝持有時間 :32 days 08:49:24.705882353
虧損持有時間 :8 days 02:06:00
MDD:0.4694

權益曲線圖，如圖 5-12 所示。

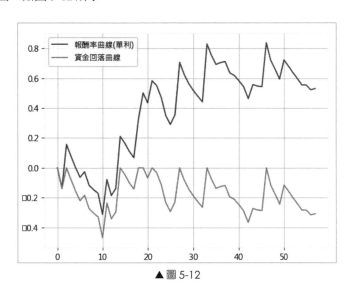

報酬率曲線(單利)
資金回落曲線

▲圖 5-12

交易明細圖放大後，如圖 5-13 所示。

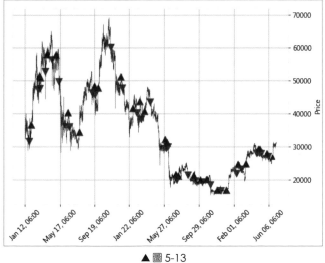

▲圖 5-13

技巧 70 【實作】CTA 策略範本－布林通道策略

本技巧將介紹「布林通道交易策略」該如何透過程式碼撰寫，策略的發想是「當短期價格突破常態分布的區間，代表市場行情過熱，我們就逆勢進行該反方交易」。

本策略的進出場邏輯如下：

策略名稱	策略內容
多單進場	當收盤價小於 BBANDS 下軌，則多單進場。
空單進場	當收盤價大於 BBANDS 上軌，則空單進場。

接著介紹「布林通道策略多空方」的程式碼，程式碼如下：

▌檔名：5-6_ 布林通道交易策略 .py

```
from backtest_class import Backtest
from talib.abstract import BBANDS


def run_strategy(self,):
    self.data['position'] = None
    self.data[['upper', 'middle', 'lower']] = BBANDS(self.data, timeperiod=20)
    self.data.loc[self.data['close'] > self.data['upper'],
                'position'] = -1
    self.data.loc[self.data['close'] < self.data['lower'],
                'position'] = 1
    self.data['position'].fillna(method='ffill', inplace=True)


symbol = "BTCBUSD"
interval = "6h"
Backtest.run_strategy = run_strategy
backtest = Backtest(symbol, interval)
backtest.run_strategy()
backtest.performance()
backtest.equity_curve()
backtest.plot_order()
```

執行程式碼，結果如下：

```
總績效 ( 來回成本 0.001):0.3333
交易次數 :75
平均績效 ( 來回成本 0.001):0.0044
勝率 :0.6533
賺賠比 :0.5963
賠率 :1.1238
期望值 :0.0429
獲勝持有時間 :8 days 01:42:51.428571428
虧損持有時間 :18 days 16:36:55.384615384
MDD:0.7846
```

權益曲線圖，如圖 5-14 所示。

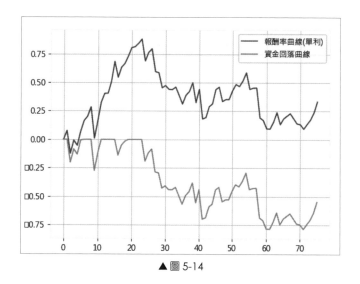

▲ 圖 5-14

交易明細圖放大後，如圖 5-15 所示。

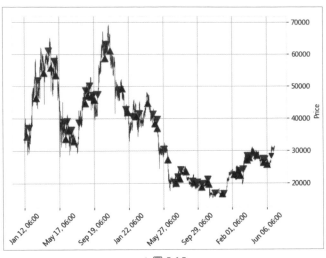

▲ 圖 5-15

技巧 71 【實作】CTA 策略範本－RSI 策略

本技巧將介紹「RSI 交易策略」該如何透過程式碼撰寫，策略的發想是「透過 RSI 偵測短期市場熱度，代表市場行情產生，我們就順勢交易」。

本策略的進出場邏輯如下：

策略名稱	策略內容
多單進場	當 RSI 大於一倍標準差，則多單進場。
空單進場	當 RSI 小於一倍標準差，則空單進場。

接著介紹「RSI 策略多空方」的程式碼，程式碼如下：

▌檔名：5-7_ 相對強弱指標交易策略 .py

```
from backtest_class import Backtest
from talib.abstract import RSI


def run_strategy(self,):
    self.data['position'] = None
    self.data['rsi'] = RSI(self.data, timeperiod=10)
    self.data['rsi_upper'] = self.data.rolling(
        20)['rsi'].mean() + self.data.rolling(20)['rsi'].std()
```

```
self.data['rsi_lower'] = self.data.rolling(
    20)['rsi'].mean() - self.data.rolling(20)['rsi'].std()


self.data.loc[self.data['rsi'] > self.data['rsi_upper'],
            'position'] = 1
self.data.loc[self.data['rsi'] < self.data['rsi_lower'],
            'position'] = -1
self.data['position'].fillna(method='ffill', inplace=True)
```

```
symbol = "BTCBUSD"
interval = "6h"
Backtest.run_strategy = run_strategy
backtest = Backtest(symbol, interval)
backtest.run_strategy()
backtest.performance()
backtest.equity_curve()
backtest.plot_order()
```

執行程式碼，結果如下：

```
總績效（來回成本 0.001）:0.6356
交易次數 :231
平均績效（來回成本 0.001）:0.0028
勝率 :0.3593
賺賠比 :1.9842
賠率 :1.1128
期望值 :0.0723
獲勝持有時間 :5 days 15:58:33.253012048
虧損持有時間 :2 days 20:45:24.324324324
MDD:1.1229
```

權益曲線圖，如圖 5-16 所示。

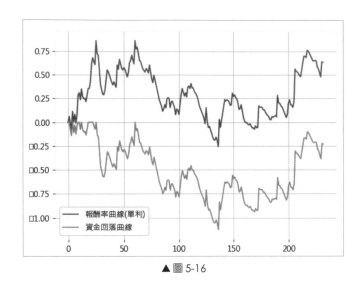

▲ 圖 5-16

交易明細圖放大後，如圖 5-17 所示。

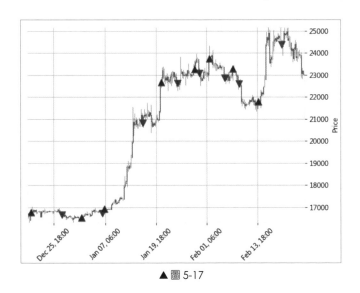

▲ 圖 5-17

技巧 72 【實作】CTA 策略範本 − ATR 策略

本技巧將介紹「ATR 交易策略」該如何透過程式碼撰寫，策略的發想是「透過 ATR 搭配均線成為 ATR 通道，如果價格突破 ATR 通道上軌，代表市場行情產生，我們就順勢交易」。

本策略的進出場邏輯如下：

策略名稱	策略內容
多單進場	當收盤價大於均線加一倍 ATR，則多單進場。
空單進場	當收盤價小於均線減一倍 ATR，則空單進場。

接著介紹「ATR 策略多空方」的程式碼，程式碼如下：

▌檔名：5-8_ 真實波動區間策略 .py

```
from backtest_class import Backtest
from talib.abstract import SMA, ATR


def run_strategy(self,):
    self.data['position'] = None
    self.data['atr_upper'] = SMA(
        self.data, timeperiod=30) + ATR(self.data, timeperiod=30)
    self.data['atr_lower'] = SMA(
        self.data, timeperiod=30) - ATR(self.data, timeperiod=30)
    self.data.loc[self.data['close'] > self.data['atr_upper'],
                  'position'] = 1
    self.data.loc[self.data['close'] < self.data['atr_lower'],
                  'position'] = -1
    self.data['position'].fillna(method='ffill', inplace=True)


symbol = "BTCBUSD"
interval = "6h"
Backtest.run_strategy = run_strategy
backtest = Backtest(symbol, interval)
backtest.run_strategy()
backtest.performance()
backtest.equity_curve()
backtest.plot_order()
```

執行程式碼，結果如下：

```
總績效 ( 來回成本 0.001):0.951
交易次數 :95
平均績效 ( 來回成本 0.001):0.01
勝率 :0.3684
```

賺賠比 : 2.2565
賠率 : 1.3163
期望值 : 0.1998
獲勝持有時間 : 15 days 11:49:42.857142857
虧損持有時間 : 5 days 14:00:00
MDD : 0.5745

權益曲線圖，如圖 5-18 所示。

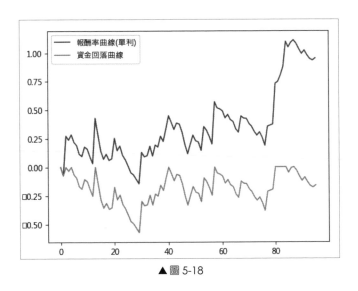

▲ 圖 5-18

交易明細圖放大後，如圖 5-19 所示。

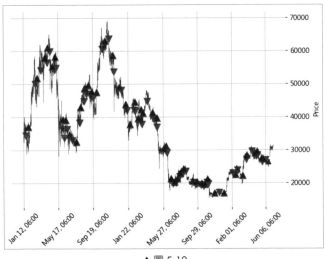

▲ 圖 5-19

技巧 73 【實作】CTA 策略範本－乖離率策略

本技巧將介紹「乖離率交易策略」該如何透過程式碼撰寫，策略的發想是「透過 MACD 偵測市場的乖離，當 MA 的差額平均為負，但是 MA 差額整體趨勢向上，則多單進場；反之，空單進場」。

本策略的進出場邏輯如下：

策略名稱	策略內容
多單進場	當 MACD Signal 小於 0，MACD Hist 大於 0，則多單進場。
空單進場	當 MACD Signal 大於 0，MACD Hist 小於 0，則空單進場。

接著介紹「MACD 策略多空方」的程式碼，程式碼如下：

▌檔名：5-9_ 乖離率策略 .py

```
from backtest_class import Backtest
from talib.abstract import MACD


def run_strategy(self,):
    self.data['position'] = None
    self.data[['macd', 'macdsignal', 'macdhist']] = MACD(self.data,
                                                fastperiod=20,
                                                slowperiod=40,
                                                signalperiod=9)
    self.data.loc[(self.data['macdhist'] > 0)&(self.data['macdsignal'] < 0),
                'position'] = 1
    self.data.loc[(self.data['macdhist'] < 0)&(self.data['macdsignal'] > 0),
                'position'] = -1
    self.data['position'].fillna(method='ffill', inplace=True)


symbol = "BTCBUSD"
interval = "6h"
Backtest.run_strategy = run_strategy
backtest = Backtest(symbol, interval)
backtest.run_strategy()
backtest.performance()
backtest.equity_curve()
backtest.plot_order()
```

執行程式碼，結果如下：

```
總績效 ( 來回成本 0.001):2.6238
交易次數 :53
平均績效 ( 來回成本 0.001):0.0495
勝率 :0.6226
賺賠比 :2.1349
賠率 :3.5225
期望值 :0.9519
獲勝持有時間 :13 days 20:43:38.181818181
虧損持有時間 :21 days 05:24:00
MDD:0.3723
```

權益曲線圖，如圖 5-20 所示。

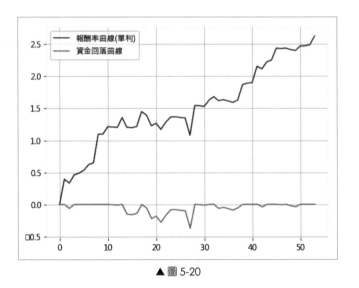

▲圖 5-20

交易明細圖放大後，如圖 5-21 所示。

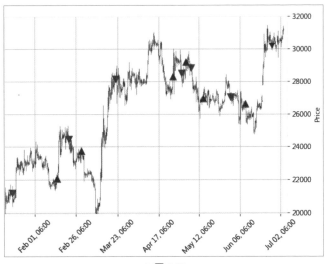

▲ 圖 5-21

技巧 74 【實作】策略參數最佳化

前面介紹了六個策略範例，由於這六種策略範例架構都很簡單，概念又很清楚，適合被拿來做衍生的策略開發。本技巧將介紹如何對前面的策略進行參數最佳化的修改，本範例會將「突破策略」拿來做參數最佳化的修改，讀者可以自行複製該寫法。

前面的策略範例中，自定義的 run_strategy 函數都沒有參數，而我們現在要針對該函數制定參數。

本策略的進出場邏輯如下：

策略名稱	策略內容
多單進場	當收盤價大於前 N 根最高價的最高值（平移 M 次），則多單進場。
多單進場	當收盤價小於前 N 根最低價的最低值（平移 M 次），則空單進場。

筆者制定了兩個參數，第一個參數是「前 N 根 K 線的高低點」，第二個參數是「將前面的區間平移 M 次」，接著介紹參數最佳化的程式碼，程式碼如下：

▌檔名：5-10_ 參數最佳化寫法 .py

```
from backtest_class import Backtest
import pandas as pd
```

```python
def run_strategy(self, a1, a2):
    self.data['position'] = None
    self.data['ceil'] = self.data.rolling(a1)['high'].max().shift(a2)
    self.data['floor'] = self.data.rolling(a1)['low'].min().shift(a2)
    self.data.loc[self.data['close'] > self.data['ceil'], 'position'] = 1
    self.data.loc[self.data['close'] < self.data['floor'], 'position'] = -1
    self.data['position'].fillna(method='ffill', inplace=True)


symbol = "BTCBUSD"
interval = "6h"
Backtest.run_strategy = run_strategy
backtest = Backtest(symbol, interval)

pfs = []
for a1 in range(5, 100):
    for a2 in range(1, 11):
        backtest.run_strategy(a1, a2)
        backtest.performance()
        pfs.append([symbol, interval, a1, a2]+backtest.performance())

pfs_df = pd.DataFrame(pfs)
```

執行結束後，會產生 950 次的回測績效，分別是各個參數的突破策略回測績效，而我們可以透過 dataframe 繪圖、存檔，或是某些 IDE 有 pandas dataframe 的變數檢視 UI，去查看整體回測績效，如圖 5-22 所示。

	0	1	2	3	4	5	6	7	8	9	10
	BTCBUSD	6h	10	2	2.26546	125	0.0181237	0.432	2.30168	1.75057	0.426324	11 days
	BTCBUSD	6h	11	1	2.26208	107	0.0211409	0.420561	2.52539	1.83295	0.482642	12 days
	BTCBUSD	6h	10	1	2.17804	121	0.0180003	0.421488	2.32906	1.69689	0.403158	11 days
	BTCBUSD	6h	9	3	1.93974	139	0.013955	0.395683	2.37039	1.55204	0.333606	10 days
	BTCBUSD	6h	11	2	1.79968	117	0.0153819	0.384615	2.5327	1.58294	0.358732	12 days
	BTCBUSD	6h	12	1	1.78114	103	0.0172926	0.407767	2.36062	1.62535	0.370352	13 days
	BTCBUSD	6h	9	2	1.77854	142	0.0125249	0.380282	2.4015	1.47365	0.293529	10 days
	BTCBUSD	6h	11	5	1.75921	103	0.0170797	0.378641	2.71964	1.65728	0.408407	13 days
	BTCBUSD	6h	80	2	1.68266	18	0.0934811	0.444444	2.98847	2.39077	0.772652	80 days
	BTCBUSD	6h	81	2	1.68266	18	0.0934811	0.444444	2.98847	2.39077	0.772652	80 days
	BTCBUSD	6h	82	2	1.68266	18	0.0934811	0.444444	2.98847	2.39077	0.772652	80 days
	BTCBUSD	6h	13	8	1.62286	85	0.0190925	0.352941	3.01941	1.64695	0.418615	17 days
	BTCBUSD	6h	14	7	1.61829	83	0.0194975	0.361446	2.93123	1.65919	0.420928	17 days
	BTCBUSD	6h	12	4	1.5845	103	0.0153835	0.368932	2.70072	1.57888	0.365314	13 days
	BTCBUSD	6h	11	4	1.57944	111	0.0142292	0.351351	2.83197	1.53398	0.346368	13 days

▲ 圖 5-22

我們可以發現突破策略中績效最好的策略參數是「當收盤價大於前 10 根最高價的最高值（平移 2 次）」。

技巧 75 【觀念】過度最佳化的概念、解決方案探討

接續上個技巧的結果，參數最佳化是否會有其他衍生的問題，答案是「會的」，問題就是「過度最佳化」（Overfitting）

「歷史回測過度最佳化」是指在交易策略開發中，使用歷史數據進行回測和優化績效時過度擬合或過度最佳化策略，從而產生虛假的回測結果。

通常這種現象發生時，策略在歷史數據上表現出色，但在實際應用中卻無法獲得相同的結果，甚至可能導致損失。

「過度最佳化」通常發生在下列幾種情況：

情況	說明
參數調整	投資者可能嘗試透過反覆嘗試各種參數組合來找到最佳策略，然而如果試驗的參數組合過多，策略參數就有可能過度擬合歷史數據，進而產生出漂亮的績效，但其實已經陷入過度最佳化的陷阱。
選擇性回測	投資者可能基於預設情景、選擇時段來設計策略。這種情況下，策略可能只在特定的歷史時期有效，而在其他時期則無效，例如：排斥某些市場崩盤的期間，這種選擇性回測可能導致過度最佳化，因為模型只被設計用於已知的歷史情況。

解決「歷史最佳化」的幾種方法：

方法	說明
模型簡化	簡化模型結構和參數數量，避免過於複雜的模型容易陷入過度最佳化的風險。選擇性使用簡單而具有解釋性的策略，也可以幫助識別過度最佳化的情況。
使用足夠且多樣化的歷史數據	確保回測所使用的資料集足夠大，包含多個金融商品和不同時間週期的數據，這有助於減少對單一市場情況的過度最佳化，提高策略的可靠性。
交叉驗證	將資料集分為訓練集和驗證集，使用訓練集來優化模型，並在驗證集上進行驗證，這樣可以測試模型在未見數據上的表現，從而更好地評估其真實能力。

技巧 76 【實作】樣本內樣本外回測

延續技巧 75，我們將對解決「歷史最佳化」方法中的「交叉驗證」來做調整，因此我們在回測策略時，使用單一商品、單一週期，但是將樣本拆成「訓練集」、「驗證集」兩個。本技巧將介紹如何針對樣本內、樣本外去做回測，範例程式碼如下：

▌檔名：5-11_ 樣本內樣本外回測 .py

```python
from backtest_class import Backtest
import pandas as pd


def run_strategy(self, a1, a2):
    self.data['position'] = None
    self.data['ceil'] = self.data.rolling(a1)['high'].max().shift(a2)
    self.data['floor'] = self.data.rolling(a1)['low'].min().shift(a2)
    self.data.loc[self.data['close'] > self.data['ceil'], 'position'] = 1
    self.data.loc[self.data['close'] < self.data['floor'], 'position'] = -1
    self.data['position'].fillna(method='ffill', inplace=True)


symbol = "BTCBUSD"
interval = '30m'
pfs = []
Backtest.run_strategy = run_strategy
backtest = Backtest(symbol, interval)
backtest.data = backtest.data[backtest.data.index.strftime('%Y')<'2023']
for a1 in range(5, 100):
    for a2 in range(1, 11):
        backtest.run_strategy(a1, a2)
        backtest.performance()
        pfs.append([symbol, interval, a1, a2]+backtest.performance())


pfs_df = pd.DataFrame(pfs)

# 取出最佳參數 繪製走勢圖
best_pf = pfs_df[pfs_df[4].max() == pfs_df[4]].iloc[0]
Backtest.run_strategy = run_strategy
backtest = Backtest(best_pf[0], best_pf[1])
backtest.data = backtest.data[backtest.data.index.strftime('%Y')>='2023']
backtest.run_strategy(best_pf[2], best_pf[3])
backtest.performance()
backtest.equity_curve('樣本外')
```

　　執行樣本內所有參數的回測後，接著範例程式將找出最佳參數，繪製出樣本外的權益曲線，讀者也可自行對所有樣本內外的回測數據做統計，去找出策略的穩定、有效性，取出後的畫面如圖 5-23 所示。

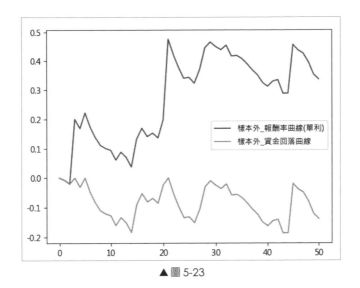

▲ 圖 5-23

技巧 77 【實作】多時間單位回測

延續技巧 75，我們將對解決「歷史最佳化」方法中的「使用足夠且多樣化的歷史數據」來做調整，因此我們在回測策略時，並不會使用單一商品、單一週期。本技巧將介紹如何對單一商品、多時間週期去做回測。

幣安提供的 K 線時間週期相當多，我們可以選擇適合我們的時間週期去做回測即可，筆者的習慣是將所有時間週期都做回測，並選擇出每個時間週期裡面的最佳參數，確保該交易策略並不僅僅只適用特定的週期（避免過度最佳化）。

多時間單位回測的程式碼如下：

▌檔名：5-12_ 多時間單位回測 .py

```
from backtest_class import Backtest
import pandas as pd


def run_strategy(self, a1, a2):
    self.data['position'] = None
    self.data['ceil'] = self.data.rolling(a1)['high'].max().shift(a2)
    self.data['floor'] = self.data.rolling(a1)['low'].min().shift(a2)
    self.data.loc[self.data['close'] > self.data['ceil'], 'position'] = 1
    self.data.loc[self.data['close'] < self.data['floor'], 'position'] = -1
```

```
      self.data['position'].fillna(method='ffill', inplace=True)


symbol = "BTCBUSD"
pfs = []
for interval in ['5m', '15m', '30m', '1h', '2h', '4h', '6h', '8h', '12h', '1d']:
    Backtest.run_strategy = run_strategy
    backtest = Backtest(symbol, interval)
    for a1 in range(5, 100):
        for a2 in range(1, 11):
            backtest.run_strategy(a1, a2)
            backtest.performance()
            pfs.append([symbol, interval, a1, a2]+backtest.performance())

pfs_df = pd.DataFrame(pfs)
```

取出各時間週期的最佳參數
```
best_pf = pfs_df[pfs_df.groupby([1])[4].transform(max) == pfs_df[4]]
```

執行結束後，會產生 9500 次的回測績效，接著我們會取出每個時框的最佳參數，取出後的畫面如圖 5-24 所示。我們可以發現這個時框裡，有許多總報酬率是高於 100%。

0	1	2	3	4
BTCBUSD	6h	10	2	2.26546
BTCBUSD	4h	20	9	1.82314
BTCBUSD	12h	40	1	1.81594
BTCBUSD	12h	41	1	1.81594
BTCBUSD	8h	7	5	1.75204
BTCBUSD	2h	30	6	1.73122
BTCBUSD	1h	64	8	1.5683
BTCBUSD	1d	16	5	1.52064
BTCBUSD	1d	17	4	1.52064
BTCBUSD	30m	84	2	1.46704
BTCBUSD	15m	97	10	-0.343827
BTCBUSD	5m	99	8	-1.00101

▲ 圖 5-24

技巧 78 【實作】多商品回測

延續技巧 75，我們將針對解決「歷史最佳化」方法中的「使用足夠且多樣化的歷史數據」再做出更進階調整，因此我們在回測策略時，並不會使用單一商品、單一週期。本技巧將介紹如何針對多商品、多時間週期去做回測。

　　我們可以選擇取得幣安內的某些合約商品來進行回測，確保該交易策略並不僅僅只適用特定的商品、週期（避免過度最佳化）。由於到目前為止，回測的運算量已經悄悄上升，讀者可以使用多執行序等方式來優化運算速度。

　　多商品回測的程式碼如下：

▌檔名：5-13_ 多商品回測 .py

```python
from backtest_class import Backtest
import pandas as pd


def run_strategy(self, a1, a2):
    self.data['position'] = None
    self.data['ceil'] = self.data.rolling(a1)['high'].max().shift(a2)
    self.data['floor'] = self.data.rolling(a1)['low'].min().shift(a2)
    self.data.loc[self.data['close'] > self.data['ceil'], 'position'] = 1
    self.data.loc[self.data['close'] < self.data['floor'], 'position'] = -1
    self.data['position'].fillna(method='ffill', inplace=True)


pfs = []
for symbol in ["BTCBUSD", "ETHBUSD", "BNBBUSD", "XRPBUSD"]:
    for interval in ['5m', '15m', '30m', '1h', '2h', '4h', '6h', '8h', '12h', '1d']:
        Backtest.run_strategy = run_strategy
        backtest = Backtest(symbol, interval)
        for a1 in range(5, 100):
            for a2 in range(1, 11):
                backtest.run_strategy(a1, a2)
                backtest.performance()
                pfs.append([symbol, interval, a1, a2]+backtest.performance())

pfs_df = pd.DataFrame(pfs)

best_pf = pfs_df[pfs_df.groupby([0, 1])[4].transform(max) == pfs_df[4]]
```

　　執行結束後，會產生破萬次的回測績效，接著我們會取出每個商品、每個時框的最佳參數，取出後的畫面如圖 5-25 所示。

0		1	2	3	4
ETHBUSD	8h	15	5	2.47629
BTCBUSD	6h	10	2	2.26546
ETHBUSD	12h	24	1	2.25422
ETHBUSD	4h	71	3	2.11554
ETHBUSD	1d	5	9	2.0488
ETHBUSD	15m	51	10	2.04371
ETHBUSD	6h	22	2	2.04186
BTCBUSD	4h	20	9	1.82314
BTCBUSD	12h	40	1	1.81594
BTCBUSD	12h	41	1	1.81594
ETHBUSD	2h	65	9	1.76737
ETHBUSD	2h	66	8	1.76737
ETHBUSD	2h	67	7	1.76737
BTCBUSD	8h	7	5	1.75204
BTCBUSD	2h	30	6	1.73122
ETHBUSD	1h	9	8	1.71504
BTCBUSD	1h	64	8	1.5683
BTCBUSD	1d	16	5	1.52064

▲ 圖 5-25

串接交易所的即時行情

本章將介紹如何進行量化交易中的實單流程,並探討加密貨幣報價揭示的觀念。
我們將介紹 Python WebSocket 套件的使用,並實際示範如何取得現貨和期貨的
即時 K 線資料、即時統計聚合資料以及合約的即時深度資料。此外,我們還將討
論 WebSocket 斷線重連機制和程式即時行情架構的概念,並實作串接幣安的即
時行情和 K 線回補功能。

技巧 79 【觀念】量化交易實單流程

本技巧將介紹加密貨幣實單交易的整體程式交易架構，也就是後續章節的整體概念。要了解程式交易的操作原理，先想像一下應該如何進行手動交易，以往我們在進行交易的時候，會透過券商所提供的看盤軟體，觀察軟體中所提供的資訊，並做出交易決策，最後透過看盤軟體去進行下單。

而程式交易的整體流程也是一樣的，只不過一切是透過程式去進行運作。舉例來說，以往我們查看看盤軟體的動作會透過「取得即時報價」來取代，而手動點擊下單的動作則透過 Python 串接下單指令，且原本的主觀交易邏輯也會量化成「交易演算法」去進行判斷，常見的交易演算法會有指標計算、策略進出場判斷等。

本書所運用的實單交易環境將會取得加密貨幣交易所的即時行情（WebSocket）、計算金融指標、決定交易部位、下單查詢委託，全部的流程皆透過 Python 去進行串接，來達到自動化交易的目的。下面是程式交易的流程圖，如圖 6-1 所示。

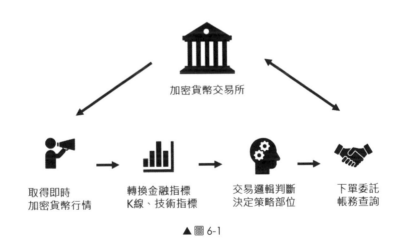

加密貨幣交易所

| 取得即時
加密貨幣行情 | 轉換金融指標
K線、技術指標 | 交易邏輯判斷
決定策略部位 | 下單委託
帳務查詢 |

▲ 圖 6-1

技巧 80 【觀念】加密貨幣報價揭示

本技巧將介紹加密貨幣交易所通常揭示哪些資料源給用戶串接。以幣安[*1]為例，如圖 6-2 所示。

---

*1　幣安說明文件：URL https://developers.binance.com/docs/binance-trading-api/futures#continuous-contract-klinecandlestick-streams。

▲ 圖 6-2

　　其中提供的資料相當多樣，不過因爲每個交易所提供的數據通常都有差異，因此這裡列出常見的數據有：

● 成交數據。

● K 線資料。

● 深度資料。

● 聚合資料（類似統計資料）。

　　另外，加密貨幣交易所通常提供兩種資料串接模式，一種爲「RestAPI」，一種爲「WebSocket」，以下分別介紹兩者的差異，並且在哪些功能上比較適合哪些串接模式。

　　RestAPI 和 WebSocket 是兩種不同的通訊協定，它們在功能、使用方式和溝通方法上有所差異。

❖ RestAPI（Representational State Transfer API）

　　RestAPI 是基於 HTTP 協定的一種溝通方法，使用標準的 HTTP 請求方法（如 GET、POST 等）來進行溝通。

　　RestAPI 是一種請求並回應（Request-Response）模型，用戶端向伺服器發送請求，伺服器端處理該請求並回應結果，當我們瀏覽網頁時，進入網頁後，網頁伺服器會回傳網頁內容，並結束連線。

　　RestAPI 通常用於單次取得資料、新增、更新或刪除資料，且 RestAPI 的通訊方式是每次請求都需要建立新的連接，不具有持續連線的特性，因此大量的資料（包含即時行情的更新）都不會採用 RestAPI 去做，原因是這樣太耗費 RestAPI 伺服器端的資源。RestAPI 通常用於單次性的請求，例如：下單、保證金查詢等。

❖ WebSocket

WebSocket 是一種雙向溝通的通訊協定，提供了在單個連線上雙向通訊的能力。WebSocket 使用持續連線的方式，可以在用戶端和伺服器端之間保持連接狀態，並即時大量地傳送資料。

WebSocket 支援伺服器端向用戶端主動推送資料，不僅限於用戶端的請求。WebSocket 適用於即時數據更新的應用，例如：市場報價、多人遊戲等。

WebSocket 通訊基於 TCP 協定，而不是 HTTP，因此可以在單個連接上持續傳送資料，而無須重新建立連接。

總結以上，RestAPI 適用於一次性請求和回應的場景，主要用於下單、查詢帳務等功能；WebSocket 則適用於即時通訊的場景，可用於實現即時更新。選擇使用哪種協定，取決於我們的需求。

技巧 81 【觀念】WebSocket 套件介紹

延續技巧 80，本技巧將介紹串接即時行情的 Python 套件 WebSocket，這也是筆者在本書內用來串接即時行情的方法。

Python 中有多個用於處理 WebSocket 通訊的套件，其中最受歡迎和廣泛使用的是 websocket 和 websockets 套件，這兩個套件提供簡單但強大的工具，可用於建立 WebSocket 連接和處理相關的通訊，本技巧會針對 websocket 套件進行詳細的介紹。

websocket 套件是一個在 Python 上輕量化的 WebSocket 套件，用來建立用戶端和伺服器端的連接。該套件提供了一個簡單的使用方式，可以用於建立 WebSocket 連接、傳送和接收訊息。

以下是建立 WebSocket 連接的簡單範例，程式碼如下：

```
# 載入套件
import websocket

# 定義接收資料時的函數
def on_message(ws, message):
```

```
    print("Received message:", message)

# 定義 websocket 遇到錯誤停止的訊號
def on_error(ws, error):
    print("Error:", error)

# 定義 websocket 關閉的訊號
def on_close(ws):
    print("Connection closed")

# 定義 websocket 啟動時執行動作的函數
def on_open(ws):
    print("Connection opened")
    ws.send("Hello, server!")

# 啟動網路封包監測（不必要）
websocket.enableTrace(True)

# 啟動 websocket 連線
ws = websocket.WebSocketApp("WS 網址",
                            on_message=on_message,
                            on_error=on_error,
                            on_close=on_close,
on_open= on_open)
ws.run_forever()
```

接著，我們將透過以下幾個技巧來介紹如何串接幣安的各種即時訊號源。

技巧 82 【實作】Python 取得現貨即時 K 線資料

本技巧將介紹如何取得加密貨幣的即時 K 線資料。

|STEP| **01** 我們先到幣安的 API 官網*² 查看如何串接，網頁上可以看到串接的細節，如圖 6-3 所示。

---

*2　幣安的 API 官網：URL https://developers.binance.com/docs/binance-trading-api/futures#live-subscri bingunsubscribing-to-stream。

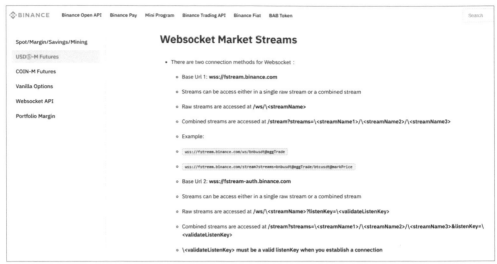

▲ 圖 6-3

|STEP| **02** 我們看到「Kline/Candlestick Streams」這個頁籤，如圖 6-4 所示。

Kline/Candlestick Streams

Payload:

```
{
  "e": "kline",       // Event type
  "E": 1638747660000,  // Event time
  "s": "BTCUSDT",     // Symbol
  "k": {
    "t": 1638747660000, // Kline start time
    "T": 1638747719999, // Kline close time
    "s": "BTCUSDT",   // Symbol
    "i": "1m",        // Interval
    "f": 100,         // First trade ID
    "L": 200,         // Last trade ID
    "o": "0.0010",    // Open price
    "c": "0.0020",    // Close price
    "h": "0.0025",    // High price
    "l": "0.0015",    // Low price
    "v": "1000",      // Base asset volume
    "n": 100,         // Number of trades
    "x": false,       // Is this kline closed?
    "q": "1.0000",    // Quote asset volume
    "V": "500",       // Taker buy base asset volume
    "Q": "0.500",     // Taker buy quote asset volume
    "B": "123456"     // Ignore
  }
}
```

The Kline/Candlestick Stream push updates to the current klines/candlestick every 250 milliseconds (if existing).

Kline/Candlestick chart intervals:

m -> minutes; h -> hours; d -> days; w -> weeks; M -> months

▲ 圖 6-4

從前面的頁面中，就可以推敲出我們要串接 websocket 的 url 是哪些，如下：

wss://fstream.binance.com/ws/{ 加密貨幣兌 }@kline_{ 時間週期 }

|STEP| **03** 透過範例程式碼來取得幣安的即時 K 線資料。

範例程式碼如下：

▌檔名：6-1_ 取得現貨即時 K 線資料 .py

```python
import websocket
import json


def on_message(ws, message):
    msg = json.loads(message)
    print(msg)


def on_close(ws, close_status_code, close_msg):
    print("### closed ###")


def on_error(ws, error):
    print("### error ###")


symbol = 'ETHUSDT'
interval = '12h'
sockname = f'wss://fstream.binance.com/ws/{symbol.lower()}@kline_{interval}'

ws = websocket.WebSocketApp(sockname,
                           on_message=on_message,
                           on_close=on_close,
                           on_error=on_error)
ws.run_forever()
```

|STEP| **04** 透過該範例，我們接到 websocket 時，需要透過 json 套件的 loads 函數來將收到的字串轉換為 dictionary。

執行結果如下：

{'e': 'kline', 'E': 1688633864708, 's': 'ETHUSDT', 'k': {'t': 1688601600000, 'T': 1688644799999, 's': 'ETHUSDT', 'i': '12h', 'f': 3116930421, 'L': 3117694173, 'o': '1909.88', 'c': '1947.53', 'h': '1950.00', 'l': '1897.44', 'v': '921002.004', 'n': 763750, 'x': False, 'q': '1771138145.33628', 'V': '482664.722', 'Q': '928586091.60252', 'B': '0'}}

接著，我們來看一下收回的格式介紹：

```
{
    "e": "kline",              // 事件類型
    "E": 1638747660000,        // 事件時間
    "s": "BTCUSDT",            // 商品交易對
    "k": {
        "t": 1638747660000,    // K 線開始時間
        "T": 1638747719999,    // K 線結束時間
        "s": "BTCUSDT",        // 商品交易對
        "i": "1m",             // K 線時間間隔
        "f": 100,              // K 線時間內的首次交易 ID
        "L": 200,              // K 線時間內的最後一次交易 ID
        "o": "0.0010",         // 開盤價格
        "c": "0.0020",         // 收盤價格
        "h": "0.0025",         // 最高價格
        "l": "0.0015",         // 最低價格
        "v": "1000",           // 基準資產（USDT）交易量
        "n": 100,              // 交易數量
        "x": false,            // 這根 K 線是否結束
        "q": "1.0000",         // 引用資產（BTC）交易量
        "V": "500",            // 市價單買入基準資產（USDT）交易量
        "Q": "0.500",          // 接收者買入引用資產（BTC）交易量
        "B": "123456"          // 忽略欄位
    }
}
```

技巧 83 【實作】Python 取得期貨即時 K 線資料

本技巧將介紹如何取得加密貨幣的合約 K 線資料。

|STEP| **01** 我們看到「Continuous Contract Kline/Candlestick Streams」這個頁籤，如圖 6-5 所示。

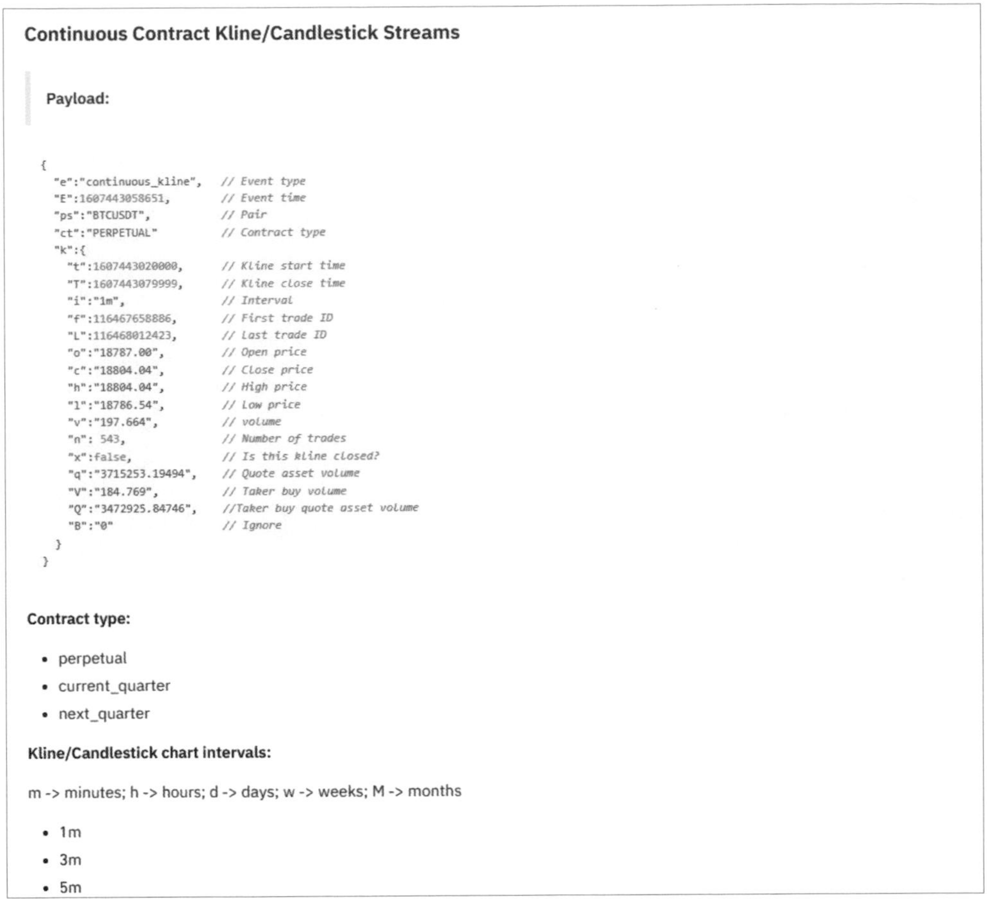

Continuous Contract Kline/Candlestick Streams

Payload:

```
{
  "e":"continuous_kline",   // Event type
  "E":1607443058651,        // Event time
  "ps":"BTCUSDT",           // Pair
  "ct":"PERPETUAL"          // Contract type
  "k":{
    "t":1607443020000,      // Kline start time
    "T":1607443079999,      // Kline close time
    "i":"1m",               // Interval
    "f":116467658886,       // First trade ID
    "L":116468012423,       // Last trade ID
    "o":"18787.00",         // Open price
    "c":"18804.04",         // Close price
    "h":"18804.04",         // High price
    "l":"18786.54",         // Low price
    "v":"197.664",          // volume
    "n": 543,               // Number of trades
    "x":false,              // Is this kline closed?
    "q":"3715253.19494",    // Quote asset volume
    "V":"184.769",          // Taker buy volume
    "Q":"3472925.84746",    //Taker buy quote asset volume
    "B":"0"                 // Ignore
  }
}
```

Contract type:

- perpetual
- current_quarter
- next_quarter

Kline/Candlestick chart intervals:

m -> minutes; h -> hours; d -> days; w -> weeks; M -> months

- 1m
- 3m
- 5m

▲圖 6-5

從前面的頁面中，就可以推敲出我們要串接 websocket 的 url 是哪些，如下：

wss://fstream.binance.com/ws/{ 合約交易對 }_{ 合約類型 }@continuousKline_{ 時間週期 }

「合約類型」與「時間週期」都可以從說明文件中看到詳細的介紹，例如：perpetual 是永續合約、current_quarter 是近月到期的期貨。

|STEP| **02** 透過範例程式碼來取得幣安的即時 K 線資料。

範例程式碼如下：

▌檔名：6-2_ 取得期貨即時 K 線資料 .py

```python
import websocket
import json


def on_message(ws, message):
    msg = json.loads(message)
    print(msg)


def on_close(ws, close_status_code, close_msg):
    print("### closed ###")


def on_error(ws, error):
    print("### error ###")
    print(error)



symbol = 'ETHUSDT'
interval = '12h'
sockname = f'wss://fstream.binance.com/ws/{symbol}_perpetual@continuousKline_{interval}'

ws = websocket.WebSocketApp(sockname,
                            on_message=on_message,
                            on_close=on_close,
                            on_error=on_error)
ws.run_forever()
```

|STEP| **03** 透過該範例，我們接到 websocket 時，需要透過 json 套件的 loads 函數來將收到的字
串轉換為 dictionary。

執行結果如下：

```
{'e': 'continuous_kline', 'E': 1688634409610, 'ps': 'ETHUSDT', 'ct': 'PERPETUAL', 'k': {'t':
1688601600000, 'T': 1688644799999, 'i': '12h', 'f': 3028287865431, 'L': 3029780077491, 'o':
'1909.88', 'c': '1950.73', 'h': '1957.00', 'l': '1897.44', 'v': '1046402.196', 'n': 846532, 'x':
False, 'q': '2015768504.40468', 'V': '546995.460', 'Q': '1054098840.71125', 'B': '0'}}
```

接著，我們來看一下收回的格式介紹：

```
{
    "e": "continuous_kline",      // 事件類型
    "E": 1607443058651,           // 事件時間
    "ps": "BTCUSDT",              // 交易對
    "ct": "PERPETUAL",            // 合約類型
    "k": {
        "t": 1607443020000,       // K線開始時間
        "T": 1607443079999,       // K線結束時間
        "i": "1m",                // K線時間間隔
        "f": 116467658886,        // 首次交易 ID
        "L": 116468012423,        // 最後一次交易 ID
        "o": "18787.00",          // 開盤價格
        "c": "18804.04",          // 收盤價格
        "h": "18804.04",          // 最高價格
        "l": "18786.54",          // 最低價格
        "v": "197.664",           // 交易量（USDT）
        "n": 543,                 // 交易數量
        "x": false,               // 這根K線是否結束
        "q": "3715253.19494",     // 引用資產（BTC）交易量
        "V": "184.769",           // 市價單買入基準資產（USDT）交易量
        "Q": "3472925.84746",     // 市價單買入引用資產（BTC）交易量
        "B": "0"                  // 忽略欄位
    }
}
```

技巧 84 【實作】Python 取得即時統計聚合資料

本技巧將介紹如何取得加密貨幣的聚合資料。

|STEP| *01* 我們看到「Aggregate Trade Streams」這個頁籤，如圖 6-6 所示。

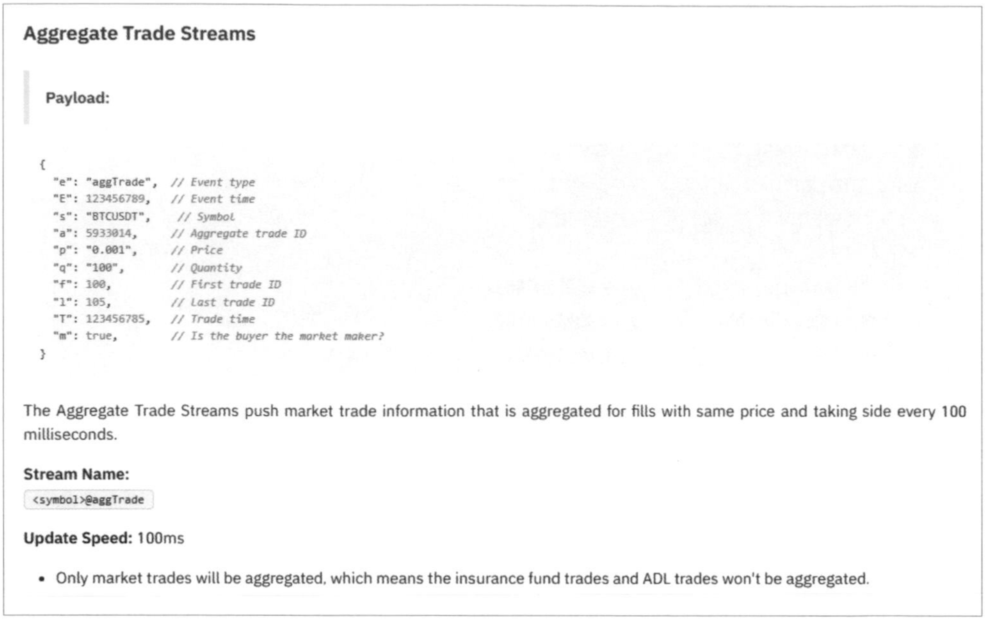

Aggregate Trade Streams

> **Payload:**

```
{
  "e": "aggTrade",  // Event type
  "E": 123456789,   // Event time
  "s": "BTCUSDT",   // Symbol
  "a": 5933014,     // Aggregate trade ID
  "p": "0.001",     // Price
  "q": "100",       // Quantity
  "f": 100,         // First trade ID
  "l": 105,         // Last trade ID
  "T": 123456785,   // Trade time
  "m": true,        // Is the buyer the market maker?
}
```

The Aggregate Trade Streams push market trade information that is aggregated for fills with same price and taking side every 100 milliseconds.

Stream Name:

`<symbol>@aggTrade`

Update Speed: 100ms

- Only market trades will be aggregated, which means the insurance fund trades and ADL trades won't be aggregated.

▲ 圖 6-6

從前面的頁面中，就可以推敲出我們要串接 websocket 的 url 是哪些，如下：

wss://fstream.binance.com/ws/{ 交易對 }@aggTrade

|STEP| *02* 透過範例程式碼來取得幣安的即時聚合統計資料。

範例程式碼如下：

▌檔名：6-3_ 取得即時聚合資料 .py

```python
import websocket
import json


def on_message(ws, message):
    msg = json.loads(message)
    print(msg)


def on_close(ws, close_status_code, close_msg):
    print("### closed ###")
```

```
def on_error(ws, error):
    print("### error ###")
    print(error)



symbol = 'ETHUSDT'.lower()
sockname = f'wss://fstream.binance.com/ws/{symbol}@aggTrade'
ws = websocket.WebSocketApp(sockname,
                            on_message=on_message,
                            on_close=on_close,
                            on_error=on_error)
ws.run_forever()
```

|STEP| **03** 透過該範例，我們接到 websocket 時，需要透過 json 套件的 loads 函數來將收到的字串轉換為 dictionary。

執行結果如下：

```
{'e': 'aggTrade', 'E': 1688634954983, 'a': 1342894509, 's': 'ETHUSDT', 'p': '1954.47', 'q':
'10.000', 'f': 3117825292, 'l': 3117825292, 'T': 1688634954978, 'm': False}
```

接著，我們來看一下收回的格式介紹：

```
{
    "e": "aggTrade",    // 事件類型
    "E": 123456789,     // 事件時間
    "s": "BTCUSDT",     // 交易對
    "a": 5933014,       // 聚合交易 ID
    "p": "0.001",       // 價格
    "q": "100",         // 數量
    "f": 100,           // 首次交易 ID
    "l": 105,           // 最後一次交易 ID
    "T": 123456785,     // 交易時間
    "m": true           // 買家是否為市場製造者
}
```

技巧 85 【實作】Python 取得合約即時深度資料

本技巧將介紹如何取得加密貨幣的深度資料。

|STEP| **01** 我們看到「Individual Symbol Book Ticker Streams」這個頁籤，如圖 6-7 所示。

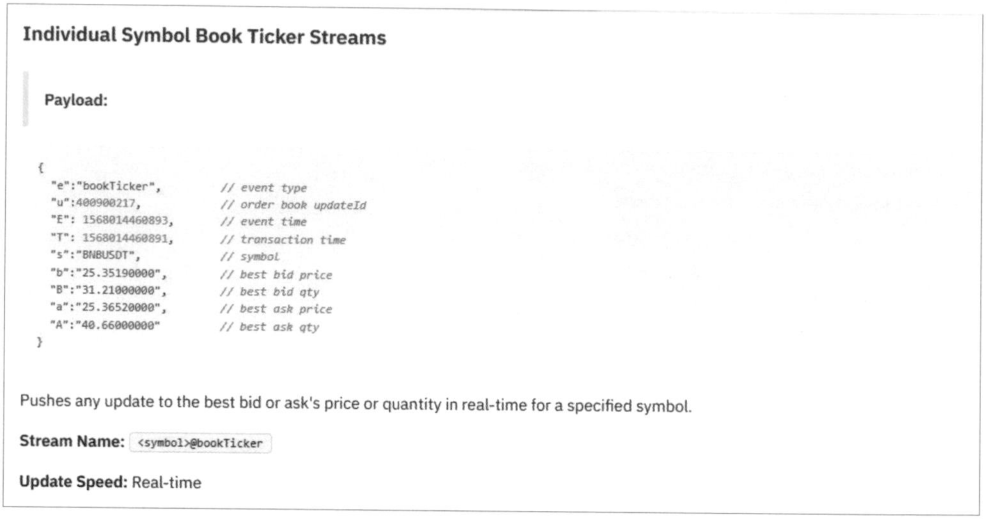

Individual Symbol Book Ticker Streams

Payload:

```
{
  "e":"bookTicker",        // event type
  "u":400900217,           // order book updateId
  "E": 1568014460893,      // event time
  "T": 1568014460891,      // transaction time
  "s":"BNBUSDT",           // symbol
  "b":"25.35190000",       // best bid price
  "B":"31.21000000",       // best bid qty
  "a":"25.36520000",       // best ask price
  "A":"40.66000000"        // best ask qty
}
```

Pushes any update to the best bid or ask's price or quantity in real-time for a specified symbol.

Stream Name: `<symbol>@bookTicker`

Update Speed: Real-time

▲ 圖 6-7

從前面的頁面中，就可以推敲出我們要串接 websocket 的 url 是哪些，如下：

wss://fstream.binance.com/ws/{ 交易對 }@bookTicker

|STEP| **02** 透過範例程式碼來取得幣安的即時深度資料。

範例程式碼如下：

▌檔名：6-3_ 取得即時聚合資料 .py

```python
import websocket
import json


def on_message(ws, message):
    msg = json.loads(message)
    print(msg)


def on_close(ws, close_status_code, close_msg):
    print("### closed ###")


def on_error(ws, error):
    print("### error ###")
```

```
        print(error)


symbol = 'ETHUSDT'
sockname = f'wss://fstream.binance.com/ws/{symbol}@bookTicker'
ws = websocket.WebSocketApp(sockname,
                            on_message=on_message,
                            on_close=on_close,
                            on_error=on_error)
ws.run_forever()
```

|STEP| **03** 透過該範例，我們接到 websocket 時，需要透過 json 套件的 loads 函數來將收到的字串轉換為 dictionary。

執行結果如下：

```
{'e': 'bookTicker', 'u': 3029843332130, 's': 'ETHUSDT', 'b': '1954.65', 'B': '0.521', 'a': '1954.66',
'A': '52.687', 'T': 1688635246760, 'E': 1688635246766}
```

接著，我們來看一下收回的格式介紹：

```
{
    "e": "bookTicker",        // 事件類型
    "u": 400900217,           // 委託簿更新 ID
    "E": 1568014460893,       // 事件時間
    "T": 1568014460891,       // 交易時間
    "s": "BNBUSDT",           // 交易對
    "b": "25.35190000",       // 最佳買入價格
    "B": "31.21000000",       // 最佳買入數量
    "a": "25.36520000",       // 最佳賣出價格
    "A": "40.66000000"        // 最佳賣出數量
}
```

技巧 86 【實作】WebSocket 斷線重連機制

　　本技巧將延續前面四個技巧，前面四個技巧是和交易所的 websocket 進行連線並取得資料，但是我們自己使用的網路環境若不是非常穩定的話，時常會遇到短暫斷線的問題，這時連線就會自動斷開，並且程式強迫中止，因此我們需要設計一下，當 websocket 斷線時，我們可以讓程式自動重新連線，就不用時常需要關心程式了。

筆者透過 WebSocket 斷線重連的程式碼來講述其概念，範例程式碼如下：

▌檔名： 6-5_ 斷線重連機制 .py

```python
import websocket
import json
import time

symbol = 'ethusdt'
sockname = f'wss://fstream.binance.com/ws/{symbol}_perpetual@continuousKline_12h'

def on_message(ws, message):
    msg = json.loads(message)
    print(msg)

def on_close(ws):
    print("### closed ###")

def on_error(ws, error):
    print("### error ###")
    print(error)
    print(" 正在嘗試重連 ")
    time.sleep(5)
    connection_tmp()

def connection_tmp():
    while True:
        ws = websocket.WebSocketApp(sockname,
                                    on_message=on_message,
                                    on_close=on_close,
                                    on_error=on_error)
        try:
            ws.run_forever()
        except Exception as e:
            print(e)
            ws.close()
            continue
        break

connection_tmp()
```

程式碼開始處定義了一個連接的 sockname，其中包含了連接到 Binance 交易所的 WebSocket 位址，以及所訂閱的交易對和連續 K 線時間間隔，還有定義了三個 websocket 的必要函數，這都與前述四個技巧範例相同。

程式碼中定義了 connection_tmp() 函數，這個函數使用了一個無窮迴圈，不斷嘗試建立 WebSocket 連接，並保持連接運行。當遇到異常情況（例如：連接錯誤）時，它會關閉當前的 WebSocket 連接，並繼續下一次迴圈，嘗試重新連接，只有在成功建立連接時，迴圈才會中斷，程式執行完畢。

這種斷線重連的機制確保了在遇到連接問題時能夠自動重新連接，以保持程式持續進行 WebSocket 通訊，這對於需要長期維護連接，並確保資料的即時性時，非常有幫助。

技巧87 【概念】程式即時行情架構介紹：回補、更新

本技巧將介紹即時行情架構中，要如何正確讓我們的即時資料可以進行策略判斷。首先，我們需要兩種資料來源：

- 現在以前的資料：歷史資料。
- 現在以後的資料：即時行情。

取得歷史資料的動作，通常稱為「回補」。取得這兩種資料以後，要去將這兩種資料合併，做一個完整的資料集合，才能去計算策略所需要的資訊。

程式即時行情的架構圖，如圖 6-8 所示。可看到在程式的最開端，我們必須取得歷史資料及即時報價，接著整合成最新的資料，才能做後續的邏輯判斷。

▲ 圖 6-8

技巧 88 【實作】串接幣安即時行情加上 K 線回補

　　延續技巧 87，筆者將完整的「資料回補」、「取得即時行情」、「即時合併資料」寫為一個 RealTimeKLine 類別，程式碼在範例程式碼 realtime_class.py 當中，由於程式碼較多，因此不占用本書篇幅。本技巧將介紹如何使用該 RealTimeKLine 類別，使用範例檔如下：

▌檔名：6-6_ 回補加上即時行情 .py

```
from realtime_class import RealTimeKLine

symbol = 'BTCBUSD'.lower()
interval = '5m'
realtime_kline = RealTimeKLine(symbol, interval)

for data in realtime_kline.update_data():
    print(data)
```

　　範例中，「RealTimeKLine(symbol, interval)」這一行是實例化該類別，而實例化時會自動回補歷史資料，並且啓動一個子執行序去抓取即時行情，接著程式碼會透過「realtime_kline.update_data()」，這個方法是 Python 的 generator，透過迴圈的方式定期取得最新的 K 線。執行範例結果是每 5 分鐘迴圈內會回傳一個最新的 K 線資料物件，執行結果如下：

```
update 2023-07-07 01:50:00+00:00
update 2023-07-07 01:50:00+00:00
change 2023-07-07 01:55:00+00:00
                           open_time  ...  ignore
datetime                              ...
2021-01-12 07:00:00+00:00  1.610435e+12  ...     0.0
2021-01-12 07:05:00+00:00  1.610435e+12  ...     0.0
2021-01-12 07:10:00+00:00  1.610435e+12  ...     0.0
2021-01-12 07:15:00+00:00  1.610436e+12  ...     0.0
2021-01-12 07:20:00+00:00  1.610436e+12  ...     0.0

                 ...       ...         ...
2023-07-07 01:30:00+00:00  1.688693e+12  ...     0.0
2023-07-07 01:35:00+00:00  1.688694e+12  ...     0.0
2023-07-07 01:40:00+00:00  1.688694e+12  ...     0.0
2023-07-07 01:45:00+00:00  1.688694e+12  ...     0.0
```

```
2023-07-07 01:50:00+00:00  1.688695e+12  ...      0.0

[260202 rows x 12 columns]
update 2023-07-07 01:55:00+00:00
update 2023-07-07 01:55:00+00:00
```

如執行結果所示,「change」、「update」的顯示都是由 RealTimeKLine 這個類別裡面的 websocket 程序顯示,僅供畫面提示,讀者可以自行移除。每 5 分鐘會顯示 change 字串,代表 K 線更新了,接著迴圈會回傳當前最新的 K 線資料集,方便我們直接判斷交易邏輯。

K 線物件的格式與歷史回測的 K 線格式相同,因此歷史回測的演算法可以直接沿用至此,直接將歷史回測程式碼改為實單的訊號判斷即可。

07

產生即時的交易訊號

本章將介紹產生即時交易訊號的相關技巧和實作,包括即時 K 線程式的架構、申請 Line Notify 並測試、推播訊號監控策略運作狀況,以及多個即時 CTA 策略範本的實作,包括突破策略、均線策略、布林通道策略、RSI 策略、ATR 策略和乖離率策略。

技巧 89 【觀念】即時 K 線程式架構解說

延續技巧 88，我們要如何 K 線回補、串接即時行情呢？本技巧將介紹在這樣的架構中，我們該如何將 K 線資料實作出交易訊號，首先複習一下即時 K 線的架構圖，如圖 7-1 所示。

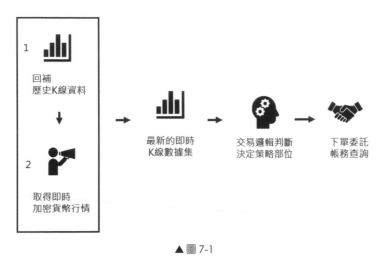

▲ 圖 7-1

取得即時資料的方法是透過 RealTimeKLine 物件中的 update_data 方法，而該方法在每次 K 線收 K 時，就會揭示最近、最新的 K 線物件，這裡提到的 K 線物件並不是單純最新的一筆 K 線資料，而是完整的 Kbar 的 DataFrame。

因此，本書的實單策略訊號判斷，程式碼可以沿用回測的程式碼，因為在每次的 K 線更新時，都會去計算新的「策略使用指標」、「策略判斷」，如圖 7-1 的「交易邏輯判斷決定策略部位」。

技巧 90 【實作】申請 Line Notify 並推播訊號監控策略

如果 Python 程式交易的同時，可以將目前的一舉一動自動推播到我們的行動裝置中，那會是一件很酷的事情；在什麼時間、哪個策略、下了哪個股票、幾張，這些事情不用再盯著螢幕關注了，接著我們來介紹如何透過 Line 推播訊息。

|STEP| *01* 我們到 Line Notify 的官方網站[*1]，並點選右上角的「個人頁面」，如圖 7-2 所示。

＊1　Line Notify 的官方網站：URL https://notify-bot.line.me/zh_ TW/。

▲ 圖 7-2

|STEP| **02** 進入後點選「發行權杖」按鈕，如圖 7-3 所示。

▲ 圖 7-3

|STEP| **03** 選擇要推播的群組及權杖的名稱，權杖的名稱在推播的文字最前方會提示，最後點選「發行」按鈕，如圖 7-4 所示。

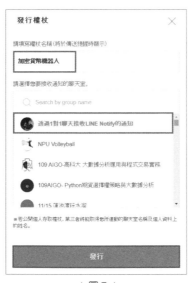

▲ 圖 7-4

|STEP| **04** 取得權杖後，我們將權杖複製下來，如圖 7-5 所示。

已發行的權杖如下。

OUkgLrZQ3sh49sePjs3b9MvHj00trLqSRL4S0ZC

若離開此頁面, 將不會再顯示新發行的權杖。離開頁面前, 請先複製
權杖。

複製　　　　　　　　關閉

▲ 圖 7-5

|STEP| **05** 我們將透過 Python 進行推播，先在 Python 安裝 Line Tool 的套件，pip 的介紹可以參
考第 1 章，過程如下：

```
>pip install lineTool
Collecting lineTool
  Downloading https://files.pythonhosted.org/packages/7a/29/7e96eef82de56d045e0016bbd7b7a4
1f597444ee0c7a38b0a5cdc6034a16/lineTool-1.0.3.tar.gz
Installing collected packages: lineTool
  Running setup.py install for lineTool ... done
Successfully installed lineTool-1.0.3
You are using pip version 10.0.1, however version 18.1 is available.
You should consider upgrading via the 'python -m pip install --upgrade
```

|STEP| **06** 安裝完成後，我們將推播撰寫為一個函數。

程式碼如下：

▌ 檔名：utils.py

```
import lineTool
from config import line_token

def line_print(msg):
    print(msg)
    try:
        lineTool.lineNotify(line_token, msg)
    except:
        print('line notify 失效')
```

> 🚀 **說明** 其中，這個 line_print 函數會使用到 config 檔案內的 line_token 變數，所以讀者需要將自己的 Line Notify 的 Token 寫入 config.py 當中。

|STEP| **07** 透過推播最新 K 線的範例程式碼來進行推播。

程式碼如下：

▌檔名：7-1_Line 推播即時行情 .py

```python
from realtime_class import RealTimeKLine
from utils import line_print


symbol = 'BTCBUSD'.lower()
interval = '5m'
realtime_kline = RealTimeKLine(symbol, interval)



time_format = '%Y/%m/%d %H:%M'
for data in realtime_kline.update_data():
    latest_close = data['close'].iloc[-1]
    latest_time = data.index[-1].strftime(time_format)
    line_print(f"\n{symbol}\n 時間 :{latest_time}\n 收盤價 :{latest_close}")
```

我們只要將原本 Python 常用的 print 函數改為自定義的 line_print 函數，即可進行推播，這樣就可以將指定的字串推播至 Line 中。

|STEP| **08** 執行範例程式碼，Line 上每 5 分鐘就會收到 BTCBUSD 的收 K 資訊，如圖 7-6 所示。

▲ 圖 7-6

技巧 91 【實作】即時 CTA 策略範本－突破策略

本技巧將介紹突破策略的即時策略訊號範本，延續技巧 68 的突破策略回測範本，讀者可以到回測範例中查看策略的詳細內容。

本技巧將揭示的策略範例程式碼是延續技巧 88 的「取得即時報價資料」程式碼，讀者可以至該技巧檢視。將即時 K 線資料進行突破策略判斷的程式碼如下：

▋檔名：7-2_ 即時突破策略訊號 .py

```python
from realtime_class import RealTimeKLine
from utils import line_print


def strategy_breakout(data_new):
    data = data_new.copy()
    data['position'] = None
    data['ceil'] = data.rolling(20)['high'].max().shift(1)
    data['floor'] = data.rolling(20)['low'].min().shift(1)
    data.loc[data['close'] > data['ceil'], 'position'] = 1
    data.loc[data['close'] < data['floor'], 'position'] = -1
    data['position'].fillna(method='ffill', inplace=True)
    return data['position'].iloc[-1]


symbol = 'BTCBUSD'
interval = '5m'
realtime_kline = RealTimeKLine(symbol, interval)


time_format = '%Y/%m/%d %H:%M'
for data in realtime_kline.update_data():
    latest_close = data['close'].iloc[-1]
    latest_time = data.index[-1].strftime(time_format)
    position = strategy_breakout(data)
    line_print(
        f"\n{symbol}\n時間 :{latest_time}\n 收盤價 :{latest_close}\n 突破策略當前部位 :{position}")
```

可以看到範例程式碼中定義了 strategy_breakout 函數，這是用來將 K 線物件進行策略判斷的函數，回傳值為當前的策略部位，如果回傳值為 1，則為多單；如果回傳值為 -1，則為空單。

執行程式碼後，每 5 分鐘可以得到 BTCBUSD 的突破策略結果，如圖 7-7 所示。

【加密貨幣機器人】
BTCBUSD
時間:2023/07/10 05:55
收盤價:30082.0
突破策略當前部位:-1.0

▲ 圖 7-7

技巧 92 【實作】即時 CTA 策略範本－均線策略

本技巧將介紹均線策略的即時策略訊號範本，延續技巧 69 的均線策略回測範本，讀者可以到回測範例中查看策略的詳細內容。

本技巧將揭示的策略範例程式碼是延續技巧 88 的「取得即時報價資料」程式碼，讀者可以至該技巧檢視。將即時 K 線資料進行均線策略判斷的程式碼如下：

▌檔名：7-3_ 即時均線策略訊號 .py

```python
from realtime_class import RealTimeKLine
from utils import line_print
from talib.abstract import EMA


def strategy_ma(data_new):
    data = data_new.copy()
    data['position'] = None
    data['short_ema'] = EMA(data, timeperiod=20)
    data['long_ema'] = EMA(data, timeperiod=60)

    data.loc[data['short_ema'] >= data['long_ema'],
            'position'] = 1
    data.loc[data['short_ema'] < data['long_ema'],
            'position'] = -1
    return data['position'].iloc[-1]
```

```python
symbol = 'BTCBUSD'.lower()
interval = '5m'
realtime_kline = RealTimeKLine(symbol, interval)

time_format = '%Y/%m/%d %H:%M'
for data in realtime_kline.update_data():
    latest_close = data['close'].iloc[-1]
    latest_time = data.index[-1].strftime(time_format)
    position = strategy_ma(data)
    line_print(
        f"\n{symbol}\n時間 :{latest_time}\n 收盤價 :{latest_close}\n 均線策略當前部位 :{position}")
```

可以看到範例程式碼中定義了函數 strategy_ma，這是用來將 K 線物件進行策略判斷的函數，回傳值為當前的策略部位，如果回傳值為 1，則為多單；如果回傳值為 -1，則為空單。

執行程式碼後，每 5 分鐘可以得到 BTCBUSD 的均線策略結果，如圖 7-8 所示。

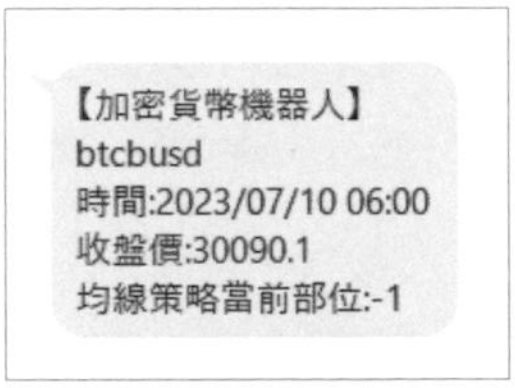

【加密貨幣機器人】
btcbusd
時間:2023/07/10 06:00
收盤價:30090.1
均線策略當前部位:-1

▲ 圖 7-8

技巧 93 【實作】即時 CTA 策略範本－布林通道策略

本技巧將介紹布林通道策略的即時策略訊號範本，延續技巧 70 的布林通道策略回測範本，讀者可以到回測範例中查看策略的詳細內容。

本技巧將揭示的策略範例程式碼是延續技巧 88 的「取得即時報價資料」程式碼，讀者可以至該技巧檢視。將即時 K 線資料進行布林通道策略判斷的程式碼如下：

▌檔名：7-4_ 即時布林通道策略訊號 .py

```python
from realtime_class import RealTimeKLine
from utils import line_print
from talib.abstract import BBANDS
```

```
def strategy_bbands(data_new):
    data = data_new.copy()
    data['position'] = None
    data[['upper', 'middle', 'lower']] = BBANDS(data, timeperiod=20)
    data.loc[data['close'] > data['upper'],
            'position'] = -1
    data.loc[data['close'] < data['lower'],
            'position'] = 1
    data['position'].fillna(method='ffill', inplace=True)
    return data['position'].iloc[-1]


symbol = 'BTCBUSD'.lower()
interval = '5m'
realtime_kline = RealTimeKLine(symbol, interval)

time_format = '%Y/%m/%d %H:%M'
for data in realtime_kline.update_data():
    latest_close = data['close'].iloc[-1]
    latest_time = data.index[-1].strftime(time_format)
    position = strategy_bbands(data)
    line_print(
        f"\n{symbol}\n 時間 :{latest_time}\n 收盤價 :{latest_close}\n 布林通道策略當前部位 :
{position}")
```

可以看到範例程式碼中定義了 strategy_bbands 函數，這是用來將 K 線物件進行策略判斷的函數，回傳值為當前的策略部位，如果回傳值為 1，則為多單；如果回傳值為 -1，則為空單。

執行程式碼後，每 5 分鐘可以得到 BTCBUSD 的布林通道策略結果，如圖 7-9 所示。

【加密貨幣機器人】
btcbusd
時間:2023/07/10 06:00
收盤價:30090.1
布林通道策略當前部位:1.0

▲ 圖 7-9

技巧 94 【實作】即時 CTA 策略範本 － RSI 策略

本技巧將介紹 RSI 策略的即時策略訊號範本，延續技巧 71 的 RSI 策略回測範本，讀者可以到回測範例中查看策略的詳細內容。

本技巧將揭示的策略範例程式碼是延續技巧 88 的「取得即時報價資料」程式碼，讀者可以至該技巧檢視。將即時 K 線資料進行 RSI 策略判斷的程式碼如下：

▌ 檔名：7-5_ 即時相對強弱指標策略訊號 .py

```python
from realtime_class import RealTimeKLine
from utils import line_print
from talib.abstract import RSI


def strategy_rsi(data_new):
    data = data_new.copy()
    data['position'] = None
    data['rsi'] = RSI(data, timeperiod=10)
    data['rsi_upper'] = data.rolling(20)['rsi'].mean() + data.rolling(20)['rsi'].std()
    data['rsi_lower'] = data.rolling(20)['rsi'].mean() - data.rolling(20)['rsi'].std()

    data.loc[data['rsi'] > data['rsi_upper'],
            'position'] = 1
    data.loc[data['rsi'] < data['rsi_lower'],
            'position'] = -1
    data['position'].fillna(method='ffill', inplace=True)
    return data['position'].iloc[-1]


symbol = 'BTCBUSD'.lower()
interval = '5m'
realtime_kline = RealTimeKLine(symbol, interval)

time_format = '%Y/%m/%d %H:%M'
for data in realtime_kline.update_data():
    latest_close = data['close'].iloc[-1]
    latest_time = data.index[-1].strftime(time_format)
    position = strategy_rsi(data)
    line_print(
        f"\n{symbol}\n 時間 :{latest_time}\n 收盤價 :{latest_close}\nRSI 策略當前部位 :{position}")
```

可以看到範例程式碼中定義了 strategy_rsi 函數，這是用來將 K 線物件進行策略判斷的函數，回傳值為當前的策略部位，如果回傳值為 1，則為多單；如果回傳值為 -1，則為空單。

執行程式碼後，每 5 分鐘可以得到 BTCBUSD 的 RSI 策略結果，如圖 7-10 所示。

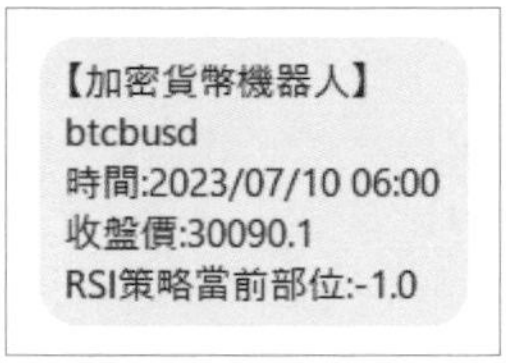

【加密貨幣機器人】
btcbusd
時間:2023/07/10 06:00
收盤價:30090.1
RSI策略當前部位:-1.0

▲ 圖 7-10

技巧 95 【實作】即時 CTA 策略範本－ ATR 策略

本技巧將介紹 ATR 策略的即時策略訊號範本，延續技巧 72 的 ATR 策略回測範本，讀者可以到回測範例中查看策略的詳細內容。

本技巧將揭示的策略範例程式碼是延續技巧 88 的「取得即時報價資料」程式碼，讀者可以至該技巧檢視。將即時 K 線資料進行 ATR 策略判斷的程式碼如下：

▌檔名：7-6_ 即時波動率策略訊號 .py

```python
from realtime_class import RealTimeKLine
from utils import line_print
from talib.abstract import SMA, ATR


def strategy_atr(data_new):
    data = data_new.copy()
    data['position'] = None
    data['atr_upper'] = SMA(
        data, timeperiod=30) + ATR(data, timeperiod=30)
    data['atr_lower'] = SMA(
        data, timeperiod=30) - ATR(data, timeperiod=30)
    data.loc[data['close'] > data['atr_upper'],
            'position'] = 1
    data.loc[data['close'] < data['atr_lower'],
            'position'] = -1
    data['position'].fillna(method='ffill', inplace=True)
```

```
        return data['position'].iloc[-1]


symbol = 'BTCBUSD'.lower()
interval = '5m'
realtime_kline = RealTimeKLine(symbol, interval)

time_format = '%Y/%m/%d %H:%M'
for data in realtime_kline.update_data():
    latest_close = data['close'].iloc[-1]
    latest_time = data.index[-1].strftime(time_format)
    position = strategy_atr(data)
    line_print(
        f"\n{symbol}\n時間:{latest_time}\n收盤價:{latest_close}\nATR策略當前部位:{position}")
```

可以看到範例程式碼中定義了 strategy_atr 函數，這是用來將 K 線物件進行策略判斷的函數，回傳值為當前的策略部位，如果回傳值為 1，則為多單；如果回傳值為 -1，則為空單。

執行程式碼後，每 5 分鐘可以得到 BTCBUSD 的 ATR 策略結果，如圖 7-11 所示。

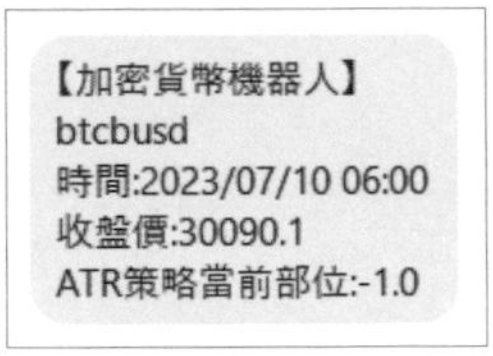

```
【加密貨幣機器人】
btcbusd
時間:2023/07/10 06:00
收盤價:30090.1
ATR策略當前部位:-1.0
```

▲ 圖 7-11

技巧96 【實作】即時 CTA 策略範本－乖離率策略

本技巧將介紹 MACD 策略的即時策略訊號範本，延續技巧 73 的 MACD 策略回測範本，讀者可以到回測範例中查看策略的詳細內容。

本技巧將揭示的策略範例程式碼是延續技巧 88 的「取得即時報價資料」程式碼，讀者可以至該技巧檢視。將即時 K 線資料進行 ATR 策略判斷的程式碼如下：

▌檔名：7-7_即時乖離率策略訊號 .py

```
from realtime_class import RealTimeKLine
from utils import line_print
```

```
from talib.abstract import MACD


def strategy_macd(data_new):
    data = data_new.copy()
    data['position'] = None
    data[['macd', 'macdsignal', 'macdhist']] = MACD(data,
                                                    fastperiod=20,
                                                    slowperiod=40,
                                                    signalperiod=9)
    data.loc[(data['macdhist'] > 0) & (data['macdsignal'] < 0),
            'position'] = 1
    data.loc[(data['macdhist'] < 0) & (data['macdsignal'] > 0),
            'position'] = -1
    data['position'].fillna(method='ffill', inplace=True)
    return data['position'].iloc[-1]


symbol = 'BTCBUSD'.lower()
interval = '5m'
realtime_kline = RealTimeKLine(symbol, interval)

time_format = '%Y/%m/%d %H:%M'
for data in realtime_kline.update_data():
    latest_close = data['close'].iloc[-1]
    latest_time = data.index[-1].strftime(time_format)
    position = strategy_macd(data)
    line_print(
        f"\n{symbol}\n時間:{latest_time}\n收盤價:{latest_close}\nMACD策略當前部位:{position}")
```

可以看到範例程式碼中定義了 strategy_macd 函數，這是用來將 K 線物件進行策略判斷的函數，回傳值為當前的策略部位，如果回傳值為 1，則為多單；如果回傳值為 -1，則為空單。

執行程式碼後，每 5 分鐘可以得到 BTCBUSD 的 MACD 策略結果，如圖 7-12 所示。

【加密貨幣機器人】
btcbusd
時間:2023/07/10 06:05
收盤價:30094.5
MACD策略當前部位:-1.0

▲ 圖 7-12

串接交易所的下單、帳務函數

本章介紹如何串接交易所的下單和帳務函數，內容包括 RESTful API 的介紹、申請幣安 API Token、取得期貨合約帳戶餘額和當前部位、設定期貨合約的槓桿倍率和倉位模式，以及進行加密貨幣合約的委託下單、刪單和查詢委託資訊等相關實作。

技巧 97 【觀念】幣安 API 介紹

在前面章節的技巧中已經介紹過幣安 API，本章將主要介紹關於使用者帳戶查詢及下單的函數。

由於這些使用功能都是存取使用者的私人資料，所以本章與之前章節的最大差別在於本章的功能函數介紹都必須要做「使用者身分驗證」，如果沒有對使用者去做身分驗證，則會在使用功能時出現錯誤。身分驗證需要使用 Key、Secret，技巧 98 會介紹詳細的申請作法。

我們可以到說明網頁*1 去查看 python-binance 套件的功能介紹，裡面有 python-binance 套件內所有的函數介紹，如圖 8-1 所示。

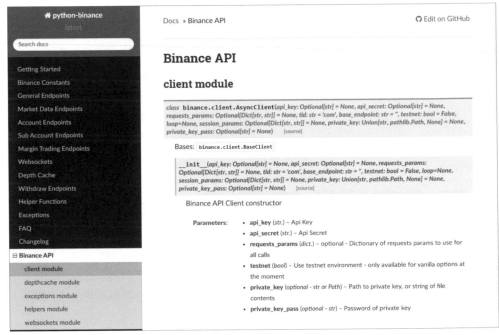

▲ 圖 8-1

如果我們對永續合約進行交易及帳務查詢的話，則會使用到 futures 開頭的函數，如圖 8-2 所示。

---

*1　python-binance 套件說明：URL https://python-binance.readthedocs.io/en/latest/binance.html#module-binance.client。

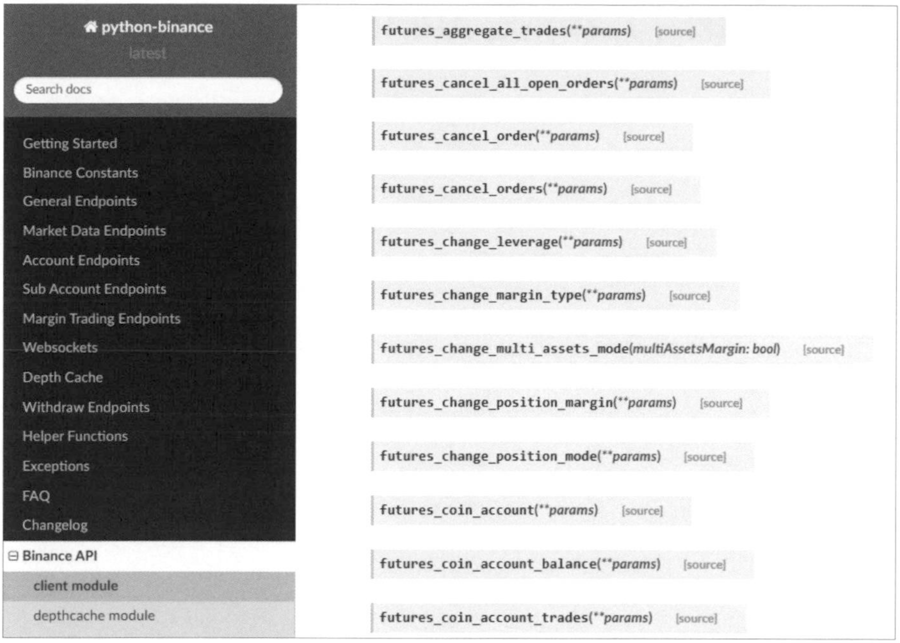

▲ 圖 8-2

　　我們可以發現 python-binance 套件的說明文件中沒有詳細提到回傳值，因此函數的回傳值需要去參考 Binance 官網*² 的「Get Current Multi-Assets Mode」說明文件，如圖 8-3 所示，Binance 官網的說明文件會提到輸入參數與回傳格式，來幫助我們理解每個參數該如何使用。

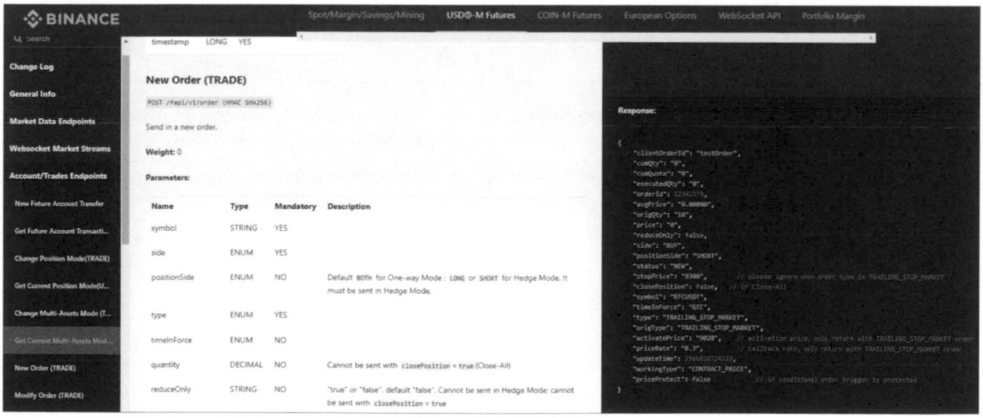

▲ 圖 8-3

*2　Get Current Multi-Assets Mode： URL https://binance-docs.github.io/apidocs/futures/en/#get-current-multi-assets-mode-user_data。

技巧 98 【實作】申請幣安 API Token 介紹

本技巧將介紹如何申請幣安虛擬交易所的用戶驗證的 Token，以方便我們透過 python-binance 套件直接進行用戶下單、帳務查詢等功能。

|STEP| **01** 我們需要申辦 Binance 帳戶，首先登入至 Binance 官網，點選「用戶頭像→ API Management」，如圖 8-4 所示。

▲ 圖 8-4

|STEP| **02** 進入 API 管理頁面後，點選「Create API」按鈕，如圖 8-5 所示。

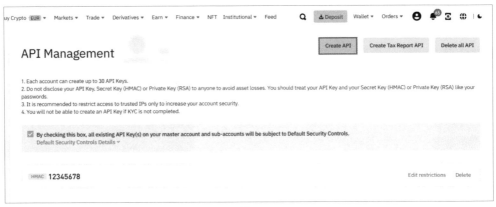

▲ 圖 8-5

|STEP| **03** 選擇 API Type 的「Sytem generated」，並點選「Next」按鈕，如圖 8-6 所示。

▲ 圖 8-6

|STEP| **04** 輸入「API Key Name」，並點選「Next」按鈕，如圖 8-7 所示。

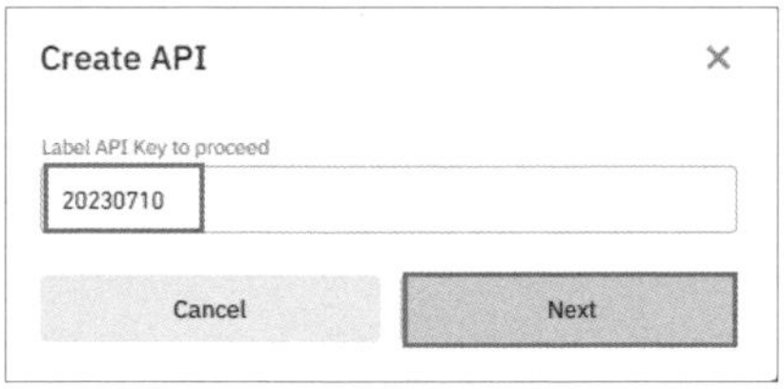

▲ 圖 8-7

|STEP| **05** 進行信箱驗證，驗證信箱後產生 API Token，我們需要「API Key」、「Secret Key」，以綁定用戶端 IP，才有辦法啟動「Enable Futures」永續合約的相關函數，如圖 8-8 所示。

▲ 圖 8-8

> 🚀 **說明**　用戶端 IP 是指固定 IP，固定 IP 可以向電信商申請，或是在租用雲端主機時需要申請固定 IP。

技巧 99　【實作】取得期貨合約帳戶餘額

本技巧將介紹如何透過 python binance 去查詢用戶的餘額，所使用到的方法是「client. futures_account_balance()」。

我們可以從 Binance 官網的「Futures Account Balance V2」[3] 上查詢到回傳格式，如圖 8-9 所示。

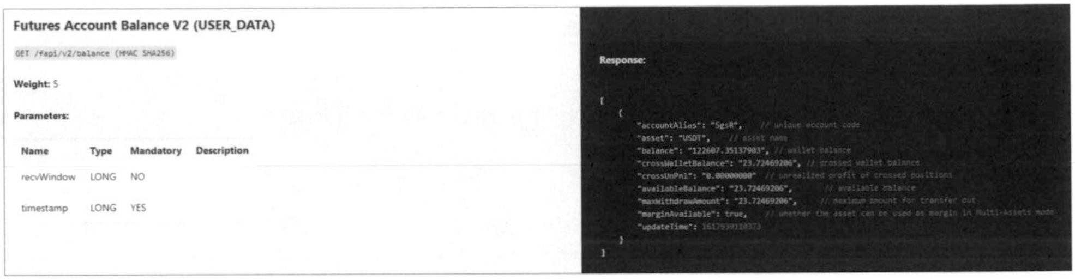

▲ 圖 8-9

執行範例程式碼如下：

▌檔名：8-1_binance_ 下單帳務功能 .py

```python
from binance.client import Client
from config import binance_key, binance_secret

client = Client(binance_key, binance_secret)


# 取得幣安合約帳戶餘額
client.futures_account_balance()
```

範例程式碼中，會載入 config 的 binance_key、binance_secret 這兩個變數，該變數是身分驗證的字串，讀者要記得將 config.py 內的變數設定為 Binance API 驗證 Token。

---

*3　Futures Account Balance V2：URL https://binance-docs.github.io/apidocs/futures/en/#futures-account-balance-v2-user_data。

範例程式碼的執行結果如下：

```
[…,
 {'accountAlias': 'SguXsRmYAufWSgXq',
  'asset': 'USDT',
  'balance': 'xxxxx.17126493',
  'withdrawAvailable': ' xxxxx.17126493',
  'updateTime': 1674088515024},
 {'accountAlias': 'SguXsRmYAufWSgXq',
  'asset': 'USDP',
  'balance': '0.00000000',
  'withdrawAvailable': '0.00000000',
  'updateTime': 0},
 {'accountAlias': 'SguXsRmYAufWSgXq',
  'asset': 'USDC',
  'balance': '0.00000000',
  'withdrawAvailable': '0.00000000',
  'updateTime': 0},
 {'accountAlias': 'SguXsRmYAufWSgXq',
  'asset': 'BUSD',
  'balance': ' xxxxx.70728846',
  'withdrawAvailable': xxxxx.70728846',
  'updateTime': 1684283862904}]
```

該回傳資料為 list，每個元素都是 dictionary，而每個 dictionary 中都是 U 本位錢包內的貨幣餘額，dictionary 格式解釋如下：

dictionary 格式	說明
accountAlias	帳戶別名。
asset	資產。
balance	餘額。
withdrawAvailable	可提領餘額。
updateTime	資料更新時間。

技巧 100 【實作】取得期貨合約帳戶當前部位

本技巧將介紹如何透過 python binance 去取得期貨合約帳戶當前部位，所使用到的方法是「client.futures_position_information()」。

我們可以從 Binance 官網的「Position Information V2」[4] 上查詢到回傳格式，如圖 8-10 所示。

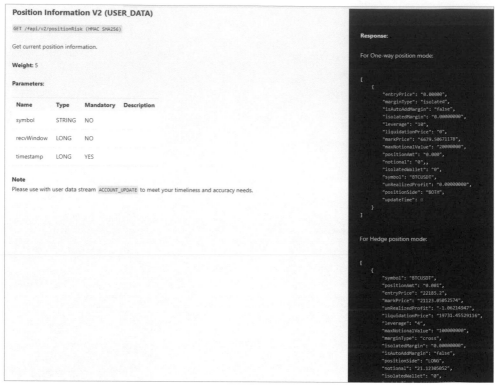

▲ 圖 8-10

執行範例程式碼如下：

▌ 檔名：8-1_binance_ 下單帳務功能 .py

```python
from binance.client import Client
from config import binance_key, binance_secret

client = Client(binance_key, binance_secret)


# 取得當前期貨合約部位
futures_position = client.futures_position_information()
```

---

[4] Position Information V2： URL https://binance-docs.github.io/apidocs/futures/en/#position-information-v2-user_data。

```
# 單獨取出 ETHBUSD 的部位
[i for i in futures_position if i['symbol'] == 'ETHBUSD']
```

範例程式碼中，會載入 config 的 binance_key、binance_secret 這兩個變數，該變數是身分驗證的字串，讀者要記得將 config.py 內的變數設定為 Binance API 驗證 Token。

範例程式碼的執行結果如下：

```
[{'symbol': 'ETHBUSD',
  'positionAmt': '0.000',
  'entryPrice': '0.0',
  'markPrice': '1853.36248296',
  'unRealizedProfit': '0.00000000',
  'liquidationPrice': '0',
  'leverage': '2',
  'maxNotionalValue': '150000000',
  'marginType': 'isolated',
  'isolatedMargin': '0.00000000',
  'isAutoAddMargin': 'false',
  'positionSide': 'BOTH',
  'notional': '0',
  'isolatedWallet': '0',
  'updateTime': 1684283862904}]
```

該回傳資料為 list，每個元素都是 dictionary，而每個 dictionary 中都是 U 本位錢包內的部位資訊，dictionary 格式解釋如下：

dictionary 格式	說明
symbol	合約交易對。
positionAmt	持倉數量。
entryPrice	開倉價格。
markPrice	標記價格，是合約的最新標記價格。
unRealizedProfit	未實現盈虧。
liquidationPrice	清算價格。
leverage	槓桿倍率。
maxNotionalValue	最大名目價值，代表合約的最大名目價值限制。
marginType	保證金類型，isolated 表示使用的是單向保證金模式。
isolatedMargin	獨立保證金數量。
isAutoAddMargin	是否自動增加保證金。
positionSide	持倉方向，BOTH 代表兩側（長和短）都可以持倉。

dictionary 格式	說明
notional	名目價值。
isolatedWallet	獨立錢包數量。
updateTime	資料更新時間。

技巧 101 【實作】設定期貨合約槓桿倍率

本技巧將介紹如何透過 python binance 去設定期貨槓桿倍率，所使用到的方法是「client. futures_change_leverage(symbol='ETHBUSD', leverage=2)」。

我們可以從 Binance 官網的「Change Initial Leverage (TRADE)」[5] 上查詢到回傳格式，如圖 8-11 所示。

▲ 圖 8-11

執行範例程式碼如下：

▌檔名：8-1_binance_ 下單帳務功能 .py

```python
from binance.client import Client
from config import binance_key, binance_secret

client = Client(binance_key, binance_secret)
```

---

*5　Change Initial Leverage (TRADE)： URL https://binance-docs.github.io/apidocs/futures/en/#change-initial-leverage-trade。

```
# 開槓桿（有部位不能調整）
client.futures_change_leverage(symbol=prod, leverage=2)
```

範例程式碼中，會載入 config 的 binance_key、binance_secret 這兩個變數，該變數是身分驗證的字串，讀者要記得將 config.py 內的變數設定為 Binance API 驗證 Token。

範例程式碼的執行結果如下：

```
{'symbol': 'ETHBUSD', 'leverage': 2, 'maxNotionalValue': '150000000'}
```

其回傳資料 dictionary，dictionary 格式解釋如下：

dictionary 格式	說明
symbol	合約交易對。
leverage	持倉數量。
maxNotionalValue	最大名目價值。

技巧 102 【實作】設定期貨合約倉位模式

本技巧將介紹如何透過 python binance 去設定倉位模式，所使用到的方法是「client.futures_change_margin_type(symbol='ETHBUSD',marginType='ISOLATED')」。

Binance 提供的倉位模式分為以下兩種：

倉位模式	說明
獨立倉位（ISOLATED）	允許交易者在單個合約上獨立管理不同的倉位。
交叉倉位（CROSSED）	將所有倉位視為整體，可以共享保證金和盈虧。

我們可以從 Binance 官網的「Change Margin Type (TRADE)」[6] 上查詢到回傳格式，如圖 8-12 所示。

＊6　Change Margin Type (TRADE)： URL https://binance-docs.github.io/apidocs/futures/en/#change-margin-type-trade。

Change Margin Type (TRADE)

POST /fapi/v1/marginType (HMAC SHA256)

Weight: 1

Parameters:

Name	Type	Mandatory	Description
symbol	STRING	YES	
marginType	ENUM	YES	ISOLATED, CROSSED
recvWindow	LONG	NO	
timestamp	LONG	YES	

Response:

```
{
    "code": 200,
    "msg": "success"
}
```

▲ 圖 8-12

執行範例程式碼如下：

▌檔名：8-1_binance_ 下單帳務功能 .py

```python
from binance.client import Client
from config import binance_key, binance_secret

client = Client(binance_key, binance_secret)

# 改變倉位模式 ISOLATED or CROSSED
client.futures_change_margin_type(symbol='ETHBUSD',marginType='ISOLATED')
```

範例程式碼中，會載入 config 的 binance_key、binance_secret 這兩個變數，該變數是身分驗證的字串，讀者要記得將 config.py 內的變數設定為 Binance API 驗證 Token。

範例程式碼的執行結果如下：

```
{'code': 200, 'msg': 'success'}
```

代表切換倉位模式成功。

技巧 103 【實作】加密貨幣合約委託下單

本技巧將介紹如何透過 python binance 去委託合約下單，所使用到的方法是「client. futures_create_order」。

我們可以從 Binance 官網的「New Order (TRADE)」[*7] 上查詢到回傳格式，如圖 8-13 所示。

▲ 圖 8-13

由於委託單參數較多，參數的說明如下：

參數	說明	必填
symbol	合約交易對的符號。	是
side	交易方向。	是
positionSide	持倉方向（僅在 Hedge Mode 下需要）。	否
type	訂單類型。	是
timeInForce	有效期限制。	否
quantity	訂單數量（若設定 closePosition=true，則不可填寫此參數）。	否
reduceOnly	僅減倉設定。	否
price	訂單價格。	否
newClientOrderId	新的客戶端訂單 ID（若未提供，系統將自動生成）。	否
stopPrice	止損價格（用於 STOP/STOP_MARKET 或 TAKE_PROFIT/TAKE_PROFIT_MARKET 訂單）。	否
closePosition	全平設定。	否
activationPrice	觸發價格（用於 TRAILING_STOP_MARKET 訂單）。	否
callbackRate	回調比例（用於 TRAILING_STOP_MARKET 訂單）。	否
workingType	觸發價格的工作類型。	否

[*7] New Order (TRADE)：URL https://binance-docs.github.io/apidocs/futures/en/#new-order-trade。

參數	說明	必填
priceProtect	價格保護設定。	否
newOrderRespType	新訂單回應類型。	否

執行範例程式碼如下：

▌檔名：8-1_binance_ 下單帳務功能 .py

```python
from binance.client import Client
from config import binance_key, binance_secret

client = Client(binance_key, binance_secret)

# 委託下單
client.futures_create_order(
    symbol="ETHBUSD",
    price=1700,
    timeInForce="GTC",
    type='LIMIT',  # LIMIT or MARKET
    side='BUY',  # BUY or SELL
    quantity=abs(0.01)
)
```

範例程式碼中，會載入 config 的 binance_key、binance_secret 這兩個變數，該變數是身分驗證的字串，讀者要記得將 config.py 內的變數設定為 Binance API 驗證 Token。

範例程式碼的執行結果如下：

```
{'orderId': 35083776198,
 'symbol': 'ETHBUSD',
 'status': 'NEW',
 'clientOrderId': 'miv2ZFdsff1JxKNY0f9627',
 'price': '1700',
 'avgPrice': '0.00000',
 'origQty': '0.010',
 'executedQty': '0',
 'cumQty': '0',
 'cumQuote': '0',
 'timeInForce': 'GTC',
 'type': 'LIMIT',
 'reduceOnly': False,
```

```
'closePosition': False,
'side': 'BUY',
'positionSide': 'BOTH',
'stopPrice': '0',
'workingType': 'CONTRACT_PRICE',
'priceProtect': False,
'origType': 'LIMIT',
'updateTime': 1688977268063}
```

其回傳資料 dictionary，dictionary 格式解釋如下：

dictionary 格式	說明
orderId	訂單 ID。
symbol	合約交易對的符號。
status	訂單狀態。
clientOrderId	客戶端訂單 ID。
price	訂單價格。
avgPrice	平均成交價格。
origQty	原始訂單數量。
executedQty	已成交數量。
cumQty	累計成交數量。
cumQuote	累計報價數量。
timeInForce	有效期限制。
type	訂單類型。
reduceOnly	僅減倉設定。
closePosition	全平設定。
side	交易方向。
positionSide	持倉方向。
stopPrice	止損價格。
workingType	觸發價格的工作類型。
priceProtect	價格保護設定。
origType	原始訂單類型。
updateTime	訂單更新時間。

技巧 104 【實作】加密貨幣合約委託刪單

本技巧將介紹如何透過 python binance 去進行刪單，所使用到的方法是「client.futures_cancel_order」。參數如下：

參數	說明
Symbol	商品交易對。
orderId	委託 ID。

我們可以從 Binance 官網的「Cancel Order (TRADE)」[8] 上查詢到回傳格式，如圖 8-14 所示。

▲ 圖 8-14

執行範例程式碼如下：

▍檔名：8-1_binance_ 下單帳務功能 .py

```
from binance.client import Client
from config import binance_key, binance_secret

client = Client(binance_key, binance_secret)

# 刪單
client.futures_cancel_order(symbol="ETHBUSD", orderId=35083776198)
```

範例程式碼中，會載入 config 的 binance_key、binance_secret 這兩個變數，該變數是身分驗證的字串，讀者要記得將 config.py 內的變數設定為 Binance API 驗證 Token。

範例程式碼的執行結果如下：

```
{'orderId': 35083776198,
 'symbol': 'ETHBUSD',
```

---

*8　Cancel Order (TRADE)：URL https://binance-docs.github.io/apidocs/futures/en/#cancel-order-trade。

'status': 'CANCELED',
'clientOrderId': 'miv2ZFdsff1JxKNY0f9627',
'price': '1700.00',
'avgPrice': '0.00',
'origQty': '0.010',
'executedQty': '0.000',
'cumQty': '0.000',
'cumQuote': '0.00000',
'timeInForce': 'GTC',
'type': 'LIMIT',
'reduceOnly': False,
'closePosition': False,
'side': 'BUY',
'positionSide': 'BOTH',
'stopPrice': '0.00',
'workingType': 'CONTRACT_PRICE',
'priceProtect': False,
'origType': 'LIMIT',
'updateTime': 1688977302251}

其回傳資料 dictionary，dictionary 格式解釋如委託下單函數一樣，請參考技巧 103。

技巧 105 【實作】查詢合約委託資訊

本技巧將介紹如何透過 python binance 去查詢委託資訊，所使用到的方法是「client.futures_get_order」、「client.futures_get_all_orders」。參數如下：

參數	說明
Symbol	商品交易對。
orderId	委託 ID。

我們可以從 Binance 官網的「Query Order (USER_DATA)」[9] 上查詢到回傳格式，如圖 8-15 所示。

---

*9　Query Order (USER_DATA)：ᴜʀʟ https://binance-docs.github.io/apidocs/futures/en/#query-order-user_data。

▲ 圖 8-15

執行範例程式碼如下：

▌檔名：8-1_binance_ 下單帳務功能 .py

```python
from binance.client import Client
from config import binance_key, binance_secret

client = Client(binance_key, binance_secret)

# 取得委託資訊
client.futures_get_order(symbol="ETHBUSD", orderId=35083776198)
# 取得所有委託資訊
client.futures_get_all_orders(symbol="ETHBUSD")
```

範例程式碼中，會載入 config 的 binance_key、binance_secret 這兩個變數，該變數是身分驗證的字串，讀者要記得將 config.py 內的變數設定為 Binance API 驗證 Token。

「futures_get_all_orders」、「futures_get_order」回傳資料的最低單位是 dictionary，而「futures_get_all_orders」回傳的格式是多個委託資訊，會透過 List 將每筆委託資料裝起來，dictionary 格式解釋如委託下單函數一樣，請參考技巧 103。

策略上線會面臨的問題

本章主要介紹在策略上線時可能面臨的問題，包括資金控管方式（單利與複利）、回測與實單的差異、作業系統自動重新開機、下單帳務函數數值問題、本地時間與伺服器時間差異以及將訊號與下單函數串接等。這些觀念和實作技巧有助於在金融交易策略的開發和實施中，能更好地理解和處理相關的問題。

技巧 106 【觀念】資金控管方式（單利與複利）

「資金管理」是一個重要的投資概念，而資金控管方式中的「單利」和「複利」是兩種常見的計算報酬率的方法，這兩種方法用於計算投資部位的增長，並影響到最終資金成長的結果。以下是單利和複利的差異：

❖ 單利

「單利」是一種簡單的利息計算方法，僅基於初始本金。在單利中，利息是根據初始投資金額計算，並且不考慮累積的報酬率。每次交易結束（出場）後，報酬被添加到本金中，但以後的報酬不會受到之前累積的報酬影響。

假設你投資 1000 元，單次進場平均報酬為 5%，在單利計算下，第一次交易的預期收益為 1000 * 0.05 = 50 元；如果你不從投資中撤回任何資金，第二次交易的預期收益仍然是 50 元，並不考慮第一次交易所產生的報酬增長。本書的回測績效指標是基於單利去做計算，讀者可以自行調整為複利的計算方式。

❖ 複利

與「單利」不同，「複利」是根據已累積的利息和初始本金來計算。在複利中，報酬在每個交易結束後被添加到本金中，並在下一個交易進場時，透過新的總資金進場，如此報酬的累積將會隨著資本增長，因為每個交易進場部位都是基於更新後的總金額計算。

以相同的例子來說，假設你以複利計算方式投資 1000 元，平均單次報酬仍為 5%。在第一次交易的報酬為 1000 * 0.05 = 50 元，總金額為 1000 + 50 = 1050 元；在第二年的進場部位將基於 1050 元計算，即 1050 * 0.05 = 52.5 元，因此第二次交易後的總金額為 1050 + 52.5 = 1102.5 元。每次交易的報酬都會考慮之前的累積報酬，並且總金額將隨著時間增長。

總結來說，單利只基於初始本金計算報酬，而複利則基於累積的報酬和初始本金計算報酬，因此使用複利計算方式，可以在較長的時間內產生更大的報酬累積。

技巧 107 【觀念】回測與實單的差異

「策略回測」和「實單交易」是兩種在量化交易中會經歷的兩個過程，它們之間存在一些重要的差異。以下是兩者的介紹：

「策略回測」是指使用歷史市場資料來評估一個投資策略的表現。這是一種模擬過程，透過應用特定的交易規則或策略來模擬在過去市場數據上的交易行為。

「實單交易」是指根據投資者的交易策略在真實市場上進行實際的買賣交易。在實單交易中，投資者將資金投入市場，根據自己的交易策略進行實際交易操作。

與「回測」不同，「實單交易」是基於即時市場數據進行的，包括即時報價、成交量和市場深度等，交易者需要考慮「市場流動性」、「成本」和「執行」的問題。實單交易涉及實際資金的投入，因此投資者需要謹慎管理風險。

接著，我們將介紹幾個需要考量的點：

考量點	說明
市場流動性	選擇的金融商品必須要有足夠穩定的成交量，在回測時我們會使用價格資料進行，不過我們缺少審視量的變動，如果成交量不足的金融商品容易發生預期以外的問題。
成本	交易成本雖然在回測中已經有估算，但是由於加密貨幣永續合約的交易成本中還包含資金費率，這部分會隨著時間產生變動，因此策略上線時，也需要觀察到資金費率的成本耗損實際狀況。
執行	執行面上，會產生不確定因素在於「滑價」。歷史回測時，我們都是採用下一筆K線開盤進場，而實際執行時，收K後進行市價委託單，不一定會等同於下一筆K線的開盤價，因此必要時我們也需要去檢視實際下單與回測的滑價程度。
資金控管	整體來說，「資金控管」是最重要的一個層面，由於歷史回測，我們會計算出單利的策略風險，也就是「資金最大回落」，但我們需要考慮的是更多的資金成本，例如：初始資金加上「最大程度虧損」，以維持我們整個交易計畫的順利運作。

技巧 108 【觀念】作業系統自動重新開機

上線實單交易策略時，我們更應該考慮到「作業系統層面的問題」，暫時性的網路問題可以透過斷線重連來解決，但是如果遇到作業系統的問題，程式是無法因應的。

以 Windows 作業系統為例，Windows 作業系統在下列情況中可能會自動重新啟動：

情況	說明
Windows 更新	當你的電腦需要進行重要的 Windows 更新時，系統可能會自動重新啟動，以完成更新的安裝。通常，在更新安裝期間，你會看到一個倒數計時的通知，你可以選擇稍後重新啟動或立即重新啟動。
藍屏錯誤	當發生系統崩潰或嚴重錯誤時，Windows 作業系統可能會自動重新啟動，這種情況通常稱為「藍屏」或「死亡藍屏」。「重新啟動」可以幫助系統從錯誤狀態中恢復，並重新啟動。
系統服務故障	某些系統服務或驅動程序出現問題時，系統可能會自動重新啟動，以恢復正常運行，這是為了確保系統的穩定性和可靠性。
安全更新或軟體安裝	在安裝某些安全更新或某些應用程式時，系統可能需要重新啟動，以應用更改並使其生效。

為了避免在不方便的時候自動重新啟動，你可以執行以下的操作：

操作	說明
暫時關閉自動重新啟動	在 Windows 更新或系統錯誤時，你可能會看到一個選項，允許你推遲重新啟動。你可以選擇稍後重新啟動，以便在適合的時間重新啟動你的電腦。
設定通知偏好	在 Windows 設定中，你可以設定通知偏好，以便在需要重新啟動時收到通知，而不是自動重新啟動，這樣你可以選擇在合適的時候重新啟動你的電腦。

技巧 109 【觀念】下單帳務函數數值問題

筆者曾經遇到當程式自動化下單時，由於幣安的參數不能接受過長的浮點位數，因此產生預期之外的錯誤。

當在 Python-Binance 中處理浮點數時，可能會遇到「精度」問題，這是由於浮點數在計算機中以二進制表示時的限制所導致，為了解決這個問題，筆者會使用 round 函數來解決。

❖ 固定小數位數

在處理金融數據時，你可以選擇將數值固定到特定的小數位數，我們可以使用 round 函數來實現這一點。例如：

```
value1 = 0.1
value2 = 0.2
result = round(value1 + value2, 2)
print(result)  # 0.3
```

> 🎙 **注意** 固定小數位數可能會導致四捨五入截斷，可以考慮該加密貨幣期貨合約的最小跳動點來當作 round 的第幾位數基準。

技巧 110 【觀念】本地時間與伺服器時間差異

當我們在使用 Binance API 或其他相關服務時，「本地時間」與「伺服器時間」之間的差異可能會導致問題，例如：回傳錯誤或拒絕請求，這主要因為許多 API 服務使用伺服器時間來驗證請求、避免重放攻擊或其他安全問題。

為了解決「本地時間」和「伺服器時間」之間的差異，通常有以下幾種方法：

方法	說明
校時	電腦可以透過校時，確保本地時間與標準時間同步。可以使用各種時間同步協議或服務來校準本地時間。
同步伺服器時間	如果我們有獲得伺服器的時間，可以使用該時間來校準伺服器時間。

以 Windows 為例，筆者會設定一個自動校時的排程設定檔：

|STEP| **01** 首先開啟工作排程器，如圖 9-1 所示。

▲ 圖 9-1

|STEP| **02** 設定觸發時間。筆者通常習慣設定在非使用時間凌晨 2 點，如圖 9-2 所示。

▲ 圖 9-2

|STEP| **03** 設定觸發動作。指令為「w32tm /resync」，這是 Window 校時的指令，設定完成以後，就可減少因為本地時間與伺服器時間差異所產生的錯誤訊息，如圖 9-3 所示。

▲ 圖 9-3

技巧 111 【實作】將訊號與下單函數串接

本技巧統合前面的章節來寫出可以自動下單的策略範本，本技巧的範例將採用「特定額度」、「單利」的方式去控制部位。假設該程式為 A 策略，則該策略每次進場的曝險部位為「1 顆以太幣」（特定額度），「單利」是指每次進場都是採用一樣的部位，不會隨著策略獲利、虧損，而進場部位有所變動；採用這種方式的策略，必須要考量到足夠的進場保證金，否則會在交易委託時發生錯誤。

本技巧將延續技巧 91，計算出「策略部位」後，會與「帳戶實際部位」去做確認，如果部位不符，就將部位同步整齊，範例程式碼如下：

▍檔名：9-1_ 即時突破策略訊號（含交易）.py

```
from realtime_class import RealTimeKLine
from utils import line_print
from binance.client import Client
from config import binance_key, binance_secret
```

```python
import pandas as pd


def strategy_breakout(data_new):
    data = data_new.copy()
    data['position'] = None
    data['ceil'] = data.rolling(20)['high'].max().shift(1)
    data['floor'] = data.rolling(20)['low'].min().shift(1)
    data.loc[data['close'] > data['ceil'], 'position'] = 1
    data.loc[data['close'] < data['floor'], 'position'] = -1
    data['position'].fillna(method='ffill', inplace=True)
    return data['position'].iloc[-1]


client = Client(binance_key, binance_secret)
symbol = 'BTCBUSD'
interval = '5m'
realtime_kline = RealTimeKLine(symbol.lower(), interval)


time_format = '%Y/%m/%d %H:%M'
margin_unit = 0.01
for data in realtime_kline.update_data():
    latest_close = data['close'].iloc[-1]
    latest_time = data.index[-1].strftime(time_format)
    position = strategy_breakout(data)
    strategy_position = margin_unit * position
    line_print(
        f"\n{symbol}\n時間 :{latest_time}\n收盤價 :{latest_close}\n突破策略當前部位 :{position}")

    # 取得當前部位
    futures_positions = pd.DataFrame(client.futures_position_information())
    futures_position = float(
        futures_positions.loc[futures_positions['symbol'] == symbol, 'positionAmt'].iloc[0])
    # 與策略部位同步
    if strategy_position != futures_position:
        order_qty = round(strategy_position - futures_position, 8)
        if order_qty > 0:
            client.futures_create_order(
                symbol=symbol,
                type='MARKET',  # 下單 ( 市價 )
```

```
            side='BUY',
            quantity=order_qty
        )
    else:
        client.futures_create_order(
            symbol=symbol,
            type='MARKET',
            side='SELL',
            quantity=abs(order_qty)
        )
```

其中，程式碼的 margin_unit 變數就是我們實際要下單的「加密貨幣」的顆數。

memo

memo

博碩文化

博碩文化